TRAITÉ
D'AGRICULTURE
ÉLÉMENTAIRE
PRATIQUE ET RAISONNÉE.

III

ERRATA.

Page 9, ligne 20, *lisez* (90) *au lieu de* (99).
Page 19, ligne 8, *lisez* (fraction) *au lieu de* (portion).
Page 20, ligne 5, *lisez* (41) *au lieu de* (44).
Page 32, ligne première, *lisez* ($8+x=12+20$) *au lieu de* ($8+x$ et $12+20$).
Page 86, ligne 21, *lisez* ($An'Bn$) *au lieu de* ($AmBn$).

PARIS. — IMPRIMERIE BONAVENTURE ET DUCESSOIS,
55, quai des Grands-Augustins.

Amélioration sociale

PAR LE TRAVAIL, L'ÉCONOMIE ET LA MORALE.

TRAITÉ D'AGRICULTURE

Élémentaire, pratique et raisonnée

POUVANT S'APPLIQUER AVEC LE MÊME SUCCÈS
SUR TOUS LES POINTS DE LA TERRE,

Science rendue positive par ses rapports avec la chimie,

PAR

M. P. ANTELME

Praticien-agricole,
Vice-Président de la Société d'Agriculture du département de la Drôme,
Ancien Officier de l'Empire, membre de la Légion-d'Honneur.

TOME III.

PARIS
DIDIER, LIBRAIRE ÉDITEUR,
35, quai des Grands-Augustins.

1851

Partition, n° 1

TRAITÉ
D'AGRICULTURE
ÉLÉMENTAIRE
PRATIQUE ET RAISONNÉE.

NOTIONS DE MATHÉMATIQUES.

ARITHMÉTIQUE.

L'arithmétique est la science au moyen de laquelle on se rend compte par le calcul du nombre et de la quantité des choses.

1—Des Chiffres.

Pour calculer on emploie dix chiffres y compris le zéro.

Ces dix chiffres sont :

1	2	3	4	5	6	7	8	9	0
un,	*deux,*	*trois,*	*quatre,*	*cinq,*	*six,*	*sept,*	*huit,*	*neuf,*	*zéro.*

2—Des Nombres.

C'est avec ces dix chiffres qu'on représente tous les nombres possibles. Le zéro isolé ou placé à la gauche d'un chiffre ou d'un nombre entier quelconque n'a aucune valeur ; mais toutes les fois qu'il est placé à la droite d'un chiffre ou d'un nombre, la valeur de ce chiffre ou de ce nombre décuple, c'est-à-dire qu'il devient dix fois plus grand. Ainsi le zéro placé sur la droite du chiffre un (1) donne dix (10); à la droite de deux (2) il représente vingt (20); à la droite de trois (3) il représente trente (30); à la droite de quatre (4) quarante (40); de cinq (5) cinquante (50); de six (6) soixante (60); de sept (7) soixante-dix (70 ou septante); de huit (8) quatre-vingt (80); de neuf (9) quatre-vingt-dix (90 ou nonante); c'est-à-dire autant de dizaines que le chiffre placé sur la gauche représente d'unités. L'unité est un (1); enfin si à droite de dix (10) ou d'une dizaine on ajoute un second zéro, ce nombre représentera dix dizaines ou un nombre décuple ou dix fois plus grand, qui se nomme cent (100). Avec un zéro de plus sur la droite du nombre cent (100), c'est-à-dire avec trois zéros sur la droite du chiffre 1, on obtiendra un nombre dix fois plus grand que cent, c'est-à-dire mille (1000), et encore avec un zéro sur la droite de mille on décuplera ce nombre, et on aura dix mille (10000); encore avec un zéro à la droite de dix mille on aura cent mille (100000), c'est-à-dire un nombre décuple de dix mille; enfin avec un zéro à la droite de cent mille on obtiendra un million (1000000), nombre toujours dix fois plus grand : c'est-à-dire qu'en règle générale à mesure que l'on ajoute un zéro à la droite d'un chiffre ou d'un nombre quelconque, ce chiffre ou ce nombre devient dix fois plus grand. Si au lieu de zéro on place un chiffre quelconque à la droite d'un autre chiffre ou d'un nombre quelconque, ce chiffre ou ce nombre décuplera également et représentera en même temps autant d'unités qu'en contient le chiffre mis à la place du zéro. Ainsi, si à la droite de 1 on place le chiffre neuf (9) au lieu de zéro, on aura dix-neuf (19) au lieu de dix, c'est-à-dire une dizaine plus neuf unités; si cinq (5) remplace le zéro, on aura quinze (15), c'est-à-dire une dizaine plus cinq unités; il en sera de même pour les neuf chiffres, quel que soit celui que l'on mette à la place du zéro.

Si à la droite des nombres 19 et 15 on met 7 et 8, on aura cent quatre-vingt-dix-sept (197) et cent cinquante-huit (158) : pour le premier, dix-neuf dizaines et sept unités; pour le second, quinze dizaines et huit unités : ce qui revient à dire que dans un nombre quelconque, le chiffre le plus à droite représente toujours des unités, et les autres des dizaines; ainsi le nombre 4567 représente quatre cent cinquante-six dizaines et sept unités. On peut encore dire que le nombre 4567 représente sept unités, plus six dizaines, plus cinquante dizaines, plus quatre cents dizaines ; c'est-à-dire qu'à mesure que l'on avance de la droite vers la gauche d'un nombre quelconque, le nombre des dizaines est toujours dix fois plus grand, comme le prouve de la manière la plus positive, la plus visible, le nombre 4444, qui se compose de quatre unités, plus quatre dizaines, plus quatre centaines, plus quatre mille, ou bien quatre mille quatre cent quarante-quatre unités.

Ramenant maintenant ainsi toutes les dizaines à l'unité primitive, dans le nombre 145,679,408 nous trouvons :

	1	4	5	6	7	9	4	0	8	
	1	0	0	0	0	0	0	0	0	cent millions d'unités.
Plus		4	0	0	0	0	0	0	0	quarante millions d'unités.
Plus			5	0	0	0	0	0	0	cinq millions d'unité.
Plus				6	0	0	0	0	0	six cent mille unités.
Plus					7	0	0	0	0	soixante-dix mille unités.
Plus						9	0	0	0	neuf mille unités.
Plus							4	0	0	quatre cents unités.
Plus								0	0	zéros unités.
Plus									8	huit unités.

En additionnant le tout, on aura :

1	4	5	6	7	9	4	0	8
Une centaine de millions d'unités.	Quatre dizaines de millions d'unités.	Cinq millions d'unités.	Six centaines de mille d'unités.	Sept dizaines de mille d'unités.	Neuf mille d'unités.	Quatre centaines d'unités.	Zéro de dizaines d'unités.	Huit unités.

Ici chaque chiffre représente le nombre d'unités selon la place qu'il occupe dans le nombre total.

3—Des Signes.

Maintenant que nous savons lire et écrire les chiffres et les nombres, nous allons indiquer les signes qui servent à abréger le travail dans les calculs.

Plus s'exprime par	+	qui indique l'addition.
Moins	—	qui indique la soustraction.
Egal	=	qui indique l'égalité.
Multiplié par	×	qui indique la multiplication.
Divisé par	$\frac{0}{0}$	qui indique la division.
Est à	:	qui indique le rapport.
Comme	::	qui indique le rapport.

DES QUATRE REGLES.

4—De l'Addition.

L'addition est la plus simple de toutes les opérations arithmétiques : elle a pour objet de réunir plusieurs quantités en une seule, que l'on appelle somme. Si nous ajoutons 1 à 1, nous obtiendrons 2 à la somme : 3 à 3, la somme sera 6. Nous dirons par conséquent $4+3=7$; mais lorsque les nombres sont nombreux, on les écrit les uns sous les autres, les unités sous les unités, les dizaines sous les dizaines, les centaines sous les centaines, les mille sous les mille, ainsi de suite. Si nous avons à additionner $300+400+200$:

$$\begin{array}{r} 300 \\ +400 \\ +200 \\ \hline =900 \end{array}$$

nous écrirons les nombres comme ci-dessus, et nous tirerons dessous une ligne pour séparer la somme des nombres à additionner. Commençant par la droite ou par les unités des nombres à additionner, nous trouverons partout zéro d'unités : nous poserons 0 en dessous des unités ; trouvant également 0 de dizaines, nous poserons 0 en dessous des dizaines ; arrivé aux centaines, nous disons 3+4+2=9 : nous plaçons 9 sous la colonne des centaines, et la somme ou le résultat de l'opération est 900.

	678
	354
	867
Produit,	1899

Si nous avons à additionner 678 + 354 + 867, nous placerons, comme ci-dessus, les nombres les uns au-dessous des autres; tirant une ligne, et commençant par la colonne des unités, nous dirons 8 + 4 + 7 = 19 unités, ou neuf unités et une dizaine; nous poserons les neuf unités sous la colonne des unités, et nous retiendrons la dizaine que nous reporterons sur la colonne des dizaines : nous dirons donc : Une dizaine retenue + sept dizaines + cinq dizaines + six dizaines, font dix-neuf dizaines, c'est-à-dire neuf dizaines plus une centaine ; nous plaçons les neuf dizaines sous la colonne des dizaines, et nous retenons la centaine ; reportant la centaine sur la colonne des centaines, nous aurons une centaine plus 6, plus 3 centaines, plus huit centaines = 18 centaines, c'est-à-dire 8 centaines et 1 mille ; nous plaçons les centaines sous la colonne des centaines, et le 1 qui représente les mille, à la gauche de 8 : nous avons pour somme ou résultat dix-huit centaines, neuf dizaines et neuf unités, ou bien dix-huit cent quatre-vingt-dix-neuf unités, ou mille huit cent nonante-neuf.

Toutes les additions se font de la même manière, quel que soit le nombre de chiffres à additionner, et quelque considérables que puissent être les nombres de l'addition ; l'important est de savoir qu'il faut toujours commencer une addition par la colonne des unités, et porter toujours la retenue à la colonne suivante vers la gauche , parce que cette retenue représente toujours une ou plusieurs unités de l'ordre immédiatement plus élevé, ou des unités dix fois plus grandes.

5—De la preuve de l'Addition.

Pour faire la preuve de l'addition, on laisse un ou plusieurs nombres de la première addition en dehors de la seconde ; ajoutant ensuite le nombre laissé en dehors à la somme ou résultat de la seconde addition, il se trouvera égal à celui de la première, si les deux opérations ont été bien faites. En effet, si dans l'addition 678 + 354 + 867, dont le total est 1899, nous laissons en dehors, dans une seconde addition, 678, et que nous additionnions 354 + 867, nous aurons = 1221. Additionnant 1221 + 678, nous aurons = 1899, ce qui prouve que la première addition est juste.

6— De la Soustraction.

La soustraction est une opération par laquelle on retranche un nombre d'un autre qui est plus grand, pour connaître la différence qui existe entre ces deux nombres. Si l'on retranche 2 de 3, la différence est 1 ; 5 de 7, la différence est 2. Les petites soustractions ne présentent aucune difficulté : aussi n'en parlons-nous ici que pour mieux faire connaître le mécanisme des soustractions en général ; mais lorsque les deux nombres à retrancher l'un de l'autre sont forts, il faudra placer le moindre sous le plus grand, les unités sous les unités, les dizaines sous les dizaines, et ainsi de suite, allant toujours de droite à gauche. Si nous retranchons 2356 de 4567, nous écrirons le plus fort nombre d'abord, ensuite nous placerons dessous le plus faible, les unités du second sous les unités du premier, les dizaines sous les dizaines, les centaines sous les centaines, ainsi de suite, allant toujours de droite à gauche ainsi qu'il suit :

	4567
	2356
Différence.	2211

Commençant par les unités, nous disons : Qui de 7 ôte 6, reste 1, une unité que l'on place sous la colonne des unités, en tirant une ligne dessous les nombres pour séparer la différence ; passant aux dizaines, nous disons : Qui de 6 ôte 5, reste 1, une dizaine, que l'on place sous la colonne des dizaines ; arrivant aux centaines, nous disons : Qui de 5 ôte 3, reste 2 centaines, que nous plaçons sous la colonne des centaines ; enfin passant au mille, nous disons : Qui de 4 ôte 2, il reste 2, que nous plaçons sous la colonne des mille. La différence des deux nombres est de 2211.

Dans ce premier exemple, le cas est simple ; mais il peut arriver que plusieurs chiffres du plus grand nombre soient plus petits que les chiffres correspondants du nombre à retrancher ; si l'on retranche, par exemple, 34867 de 63756, on aura 63756 — 34867 = 28889.

On écrira :

	63756
	34867
Différence,	28889

et en dessous 34867. Ici, on ne peut retrancher 7 de 6, on est obligé d'emprunter 1 au 5, ou au chiffre plus à gauche dans le plus grand nombre, c'est-à-dire une dizaine valant dix unités. Nous disons donc 10 + 6 font 16 : qui de 16 ôte 7, reste 9, que l'on place sous la colonne des unités ; mais comme on a retranché 1 de 5, ce chiffre ne vaut pas plus que quatre. Ne pouvant retrancher 6 de 4, il faut encore emprunter sur le chiffre le plus à gauche 1, valant dix dizaines, 10 + 4 = 14 ; qui de 14 ôte 6, il reste huit dizaines, que l'on place sous la colonne des dizaines. Passant au 7 qui ne vaut plus que six centaines, parce qu'on en a emprunté une, nous voyons que 8 ne peuvent être retranchés de 6 ; nous empruntons un mille sur le 3, qui vaut dix centaines ; 10 centaines + 6 centaines font 16 centaines ; qui de 16 retranche 8, reste 8, que l'on place sous la colonne des centaines : le 3 ne vaut plus que 2, à cause de 1 que l'on a emprunté dessus ; or, on ne peut retrancher 4 de 2 : il faut donc emprunter 1 sur le 6, qui vaut dix mille ; 10 + 2 = 12 ; qui de 12 ôte 4, reste 8, que l'on place sous la colonne des mille ; le 6 ne vaut plus que 5 dizaines de mille; mais comme on peut retrancher 3 de 5, il restera 2 dizaines de mille, que l'on placera sous la colonne des dizaines de mille, et la différence de ces deux nombres sera de 28,889. Ainsi 63,756 — 34,867 = 28,889. Il pourrait encore arriver que le chiffre sur lequel on pourrait emprunter fût un 0 ; alors l'emprunt ne pouvant être fait sur un chiffre sans valeur, on fera l'emprunt sur le chiffre suivant, plus à gauche, qui sera dix fois plus grand que le 1 que l'on aurait emprunté sur le 0, s'il avait eu quelque valeur. Dans ce cas, le 1 emprunté, au lieu de valoir 10 vaut 100, dont on ne doit prendre que dix unités; les quatre-vingt-dix autres resteront sur le zéro qui sera représenté par un 9 valant neuf dizaines; ainsi si nous avons à retrancher 3768 de 5407, nous écrirons comme il suit :

	5407
	3768
Différence,	1639

Nous dirons : Qui de 7 ôte 8 ne peut; ne pouvant emprunter sur le 0, nous empruntons 1 sur le 4, valant cent, dont nous prendrons dix seulement, laissant les 99 autres sur le 0, qui vaut actuellement neuf dizaines ; et nous disons : Qui de 17 ôte 8, reste 9, que l'on place sous la colonne des unités. Passant au second chiffre, aux dizaines, nous disons : Qui de 9 ôte 6, reste 3, que l'on place sous la colonne des dizaines. Le 4 représentant les centaines, par le fait de l'emprunt ne vaut plus que trois centaines, et comme on ne peut retrancher 7 de 3, on emprunte 1 sur le 7, valant dix centaines : 10 et 3 font 13 ; retranchant 7 de 13, reste 6, que l'on place sous la colonne des centaines. Le 5 représentant les mille, par le fait de l'emprunt ne vaut plus que 4. Nous disons : Qui de 4 ôte 3, reste 1, que l'on place sous la colonne des mille. Ainsi 5407 — 3768 = 1639.

7—Preuve de la Soustraction.

La preuve de la soustraction se fait en ajoutant le nombre retranché au reste ou à la différence. Si la soustraction est juste, la somme des deux nombres sera égale au nombre dont on a retranché dans la première opération. Ainsi, si nous additionnons 3768 avec 1639, la somme sera de 5407.

Si $3768 + 1639 = 5407$, la soustraction est juste.

8—De la Multiplication.

Le but de la multiplication est de répéter un nombre appelé *multiplicande* autant de fois qu'il y a d'unités dans un autre nombre appelé *multiplicateur*. Le résultat de l'opération s'appelle *produit*. Ainsi, si nous multiplions 4 par 2, c'est-à-dire si nous répétons 4 autant de fois qu'il y a d'unités dans 2, le produit sera 8, ou 4 répété deux fois. Nous aurions pu obtenir le même résultat en ajoutant deux fois 2 à 4, le produit aurait également été 8 : alors nous aurions procédé par l'addition ; mais cette manière de faire devient impossible lorsque le multiplicateur est composé d'un grand nombre d'unités. La colonne des chiffres à additionner deviendrait trop grande pour procéder ainsi. On simplifie l'opération et on la rend bien plus prompte en procédant par la multiplication.

Exemples. — Lorsque l'on opère sur des nombres de plusieurs chiffres, comme par exemple : 456×367, au lieu de placer 367 fois 456 sur la même colonne pour en faire l'addition, ce qui serait long et fatigant, il est bien plus simple et plus expéditif de placer 367 au-dessous de 456 , les unités sous les unités, les dizaines sous les dizaines, les centaines sous les centaines, ainsi de suite, comme cela se pratique pour procéder par l'addition.

436	*Multiplicande.*
367	*Multiplicateur.*
3192	Premier produit partiel.
2736	Second produit partiel.
1368	Troisième produit partiel.
167352	Produit total.

Commençant par la droite ou par les unités de la plus faible espèce du multiplicateur, on multipliera d'abord tous les chiffres du multiplicande, c'est-à-dire d'abord 436, en ayant soin de placer le premier chiffre obtenu par cette opération les unités sous les unités, les dizaines sous les dizaines, les centaines sous les centaines et les mille à la gauche des autre chiffres. Nous obtenons le premier produit partiel, 3192. Pour obtenir le deuxième, nous multiplions tous les chiffres du multiplicande par les dizaines du multiplicateur ou par son second chiffre de droite à gauche; plaçant le premier chiffre obtenu pour le deuxième produit sous les dizaines du premier produit partiel, et procédant comme ci-dessus, nous obtenons pour le deuxième produit partiel 2736.

Arrivant enfin à la multiplication de tous les chiffres du multiplicande par les centaines du multiplicateur, nous formons le troisième produit partiel, dont nous plaçons le premier chiffre de droite sous les dizaines du second produit partiel.

Ainsi pour obtenir le premier produit partiel nous dirons $7 \times 6 = 42$: nous plaçons 2 sous les unités du multiplicateur et nous retenons 4; nous disons encore $7 \times 5 = 35 + 4$ de retenue $= 39$: nous posons 9 sous les dizaines du multiplicateur, et nous retenons 3; nous disons enfin $7 \times 4 = 28 + 3$ de retenue $= 31$, nombre que nous écrivons en entier à gauche des autres chiffres parce que nous sommes aux derniers chiffres du multiplicande. On procédera de la même manière pour obtenir les différents produits partiels;

seulement, pour obtenir le deuxième on multipliera le multiplicande par les dizaines du multiplicateur, et on obtiendra le troisième produit partiel en multipliant tous les chiffres du multiplicande par les centaines du multiplicateur, ayant soin de placer le premier chiffre sous les dizaines du deuxième produit partiel, ainsi de suite, quel que soit le nombre des chiffres du multiplicateur, et se conformant toujours, quant à la position du premier chiffre de chaque produit partiel, à ce qui vient d'être dit ci-dessus. Enfin, faisant l'addition des différents produits partiels, la multiplication ci-dessus nous donnera pour produit total 167352, cent soixante-sept mille trois cent cinquante-deux unités. Quelque grand que puisse être le nombre des chiffres du multiplicande et du multiplicateur, on procédera toujours de la même manière pour obtenir les différents produits partiels et le produit total.

Il peut arriver que le multiplicande et le multiplicateur, et même tous les deux, soient terminés vers la droite par un ou plusieurs 0 ; dans ce cas on les néglige pendant le cours de l'opération, ayant soin toutefois de placer à la droite du produit total autant de 0 qu'on en a négligé sur la droite de l'un ou des deux facteurs, le multiplicande et le multiplicateur. Soit 400 à multiplier par 300, on néglige les zéros et on multiplie 4 par 3 : on obtient 12 ; à la droite de ce nombre on place quatre zéros, c'est-à-dire autant qu'il y en a à la droite des deux facteurs, et on obtient 120000 (cent vingt mille) au produit total.

Soit encore 435 à multiplier par 300. Ici on néglige les deux zéros du multiplicateur, et on multiplie $435 \times 3 = 1305$ treize cent cinq ; ajoutant deux zéros à ce nombre, on a pour produit total 130500 (cent trente mille cinq cents.)

Lorsqu'il se trouve un 0 entre les chiffres du multiplicande, on porte le 0 au produit partiel, ou bien on le remplace par la retenue faite sur le produit du chiffre précédent.

Lorsque le 0 se trouve entre les chiffres du multiplicateur, comme le 0 n'est jamais significatif, on passe à la multiplication des chiffres suivants, en ayant soin d'écrire les produits sous les unités de même espèce, comme nous allons le voir dans la multiplication suivante : 503×305.

```
   503
   305
  ----
  2515
 1509
------
153415
```

Nous disons 5×3=15 ; nous posons 5 au produit partiel et nous retenons 1 ; nous disons : 5 fois 0 est 0 ; mais comme nous avons 1 de retenu, nous mettons cette retenue à la place du zéro au produit partiel : nous disons 5×5=25, et nous écrivons 25 au produit partiel. Nous arrivons au 0 du multiplicateur représentant les dizaines ; nous le négligeons et passons au chiffre suivant, représentant les centaines, et nous disons 3×3=9, que nous plaçons sous les centaines; nous disons également 3×0=0 : nous posons donc 0 à la gauche du 9, et nous disons 3×5=15, que nous écrivons en entier parce qu'il provient des derniers chiffres à multiplier. Nous avons pour produit total 153415 (cent cinquante-trois mille quatre cent quinze). A l'aide de ces deux ou trois exemples ou opérations différentes, il sera toujours facile de multiplier toute espèce de nombres, quels que soient d'ailleurs les chiffres qui les composent.

9—De la Division.

L'objet de la division est de chercher combien un nombre appelé *dividende* contient de fois un autre nombre appelé *diviseur ;* le résultat de l'opération se nomme *quotient.*

Exemples.—Un exemple simple fera de suite comprendre le but de l'opération. Soit 44 représentant le dividende, et 2 le diviseur.

Il s'agit de savoir combien de fois 2 est contenu dans 44. Nous trouvons qu'il est contenu 22 fois : ici la question est donc 22.

La division pourrait se faire en retranchant le diviseur du dividende autant de fois que ce dernier contient de fois le diviseur ; mais cette opération serait longue et ennuyeuse ; il est plus simple et plus facile de chercher combien de fois dans les unités, les dizaines, les centaines, etc., du dividende, est contenu le diviseur, commençant toujours par les unités de la plus forte espèce du dividende et allant vers les unités de l'espèce immédiatement inférieure, que l'on joint au reste des unités précédentes qui ne se sont pas trouvées divisibles. On peut donc diviser un nombre de plusieurs chiffres par un nombre également de plusieurs chiffres.

Soit le dividende	525	25 *diviseur.*
	25	21 *quotient.*
	00	

Nous posons d'abord le dividende 525 ; nous tirons une ligne perpendiculaire à sa droite et une seconde horizontale à cette première. Ces lignes ainsi disposées ont pour but de séparer les termes de la division entre eux, c'est-à-dire le dividende du diviseur, et le diviseur du quotient. Maintenant prenons assez de chiffres, sur la gauche du dividende, des unités de la plus forte espèce pour contenir le diviseur. Soit 52 les premiers chiffres à gauche du dividende. Nous disons : En 52 combien de fois 25 , ou, si nous aimons mieux, en 5 combien de fois 2. Nous trouvons que le diviseur 25 est contenu deux fois dans 52 , et que 2 est également contenu deux fois dans 5 , le premier chiffre du dividende : donc 2 est le chiffre qui doit être porté au quotient. Nous multiplions le diviseur 25 par le chiffre 2 porté au quotient et nous divisons deux fois 25 = 50, nous retranchons 50 de 52, et nous avons 2 en reste ; à côté de ce 2, et à sa droite , nous abaissons le 5e chiffre du dividende : nous avons 25 pour dividende partiel ; nous cherchons combien de fois le diviseur est contenu dans le dividende partiel, nous trouvons que 25 est contenu une fois juste dans 25 : nous portons donc 1 au quotient, et, retranchant 25 du dividende partiel, il reste 0 : le diviseur 25 est donc contenu 21 fois juste dans le dividende.

Il arrive souvent dans la division que les dividendes partiels ne peuvent contenir le diviseur, bien que l'on ait abaissé un chiffre; alors on porte 0 au quotient, et l'on abaisse le chiffre suivant de la droite du dividende, que l'on place également sur la droite du dividende partiel à diviser. Si celui-ci ne contient pas encore le diviseur, on porte encore un 0 à la droite du quotient, on abaisse un deuxième chiffre du dividende, et on continue ainsi jusqu'à ce que le diviseur soit contenu dans le dividende partiel.

Soit 98902482 que l'on veut diviser par 343.

Dividende :	98902482	243 *diviseur.*
1er dividende partiel,	1702	407006 *quotient.*
2e dividende partiel,	1482	
3e dividende partiel,	1458	
	24	reste.

Nous disons : En 9 combien de fois 2, ou bien, En 98 combien de fois 24 ; dans les deux cas, nous trouvons 4 fois : par conséquent 4 à porter au quotient. Multipliant le diviseur 243 par 5, nous obtenons 972, que nous portons par la pensée sous les trois premiers chiffres à gauche du dividende, sous 989; soustrayant l'un de l'autre, nous avons pour reste 17, qui forment les premiers chiffres du dividende partiel; abaissant à la droite de ce dividende partiel le chiffre suivant du dividende, le 0, nous aurons pour dividende partiel 170; mais comme ce nombre ne contient pas le nombre 243, nous portons 0 au quotient et nous abaissons à la droite de 170 le deuxième chiffre suivant : nous avons alors pour dividende partiel 1702, qui contient sept fois le diviseur 243 ; multipliant 243 par 7, nous obtenons 1701, produit que nous soustrayons de 1702, premier dividende partiel : le reste est 1. Abaissant à la droite de 1 le chiffre suivant de dividende ou le chiffre 4, nous avons 14 pour le dividende partiel; or comme 14 ne peut contenir **243**, nous portons **0** au quotient et nous abaissons le chiffre suivant du dividende, le chiffre 8 : nous avons 148, nombre dans lequel le diviseur 243 n'est pas encore contenu. Nous portons donc encore un 0 au quotient et nous abaissons le dernier chiffre du dividende, le **2** : nous avons pour deuxième dividende partiel 1482. Nous disons en 14 combien de fois 2, ou bien en 1482 combien de fois 243 : nous trouvons 6 fois, que nous portons au quotient. Multipliant 243 par 6, nous obtenons 1458, que nous soustrayons du dernier dividende partiel de 1482 : nous avons un reste de **24**.

10—Zéros à retrancher à nombre égal sur la droite des deux termes.

Lorsqu'il arrive qui le dividende et le diviseur sont terminés vers la droite par un ou plusieurs 0, on pourra en supprimer un égal nombre dans le dividende et le diviseur, sans rien changer à la valeur du quotient, parce que dans ce cas le dividende et le diviseur diminuent dans la même proportion. Par exemple, si nous avons à diviser 100 par 10, nous trouvons que 10 est contenu 10 fois dans 100; si nous retranchons un 0 dans le dividende 100 et dans le diviseur 10, il nous restera 10 à diviser par 1; dans ces deux cas 10 sera le quotient, car 1 est contenu 10 fois dans 10, comme 10 est contenu 10 fois dans 100, ce qui démontre bien clairement qu'en retranchant autant de zéros sur droite du dividende que sur la droite du diviseur, le quotient ne change pas, mais que seulement on simplifie l'opération.

Observations.

Maintenant que nous connaissons tous les cas qui peuvent se présenter dans l'opération de la division et des quatre règles de l'arithmétique, nous allons indiquer la manière de faire la preuve de la multiplication et de la division.

11—Preuve de la Multiplication.

Pour faire la preuve de la multiplication, il faut diviser le produit de cette multiplication par un de ses facteurs. Si le produit est juste, on retrouvera l'autre facteur, c'est-à-dire que, divisant le produit par le multiplicateur, si l'opération est juste on retrouvera le multiplicande au quotient. Divisant, au contraire, le produit par le multiplicande, si l'opération est juste on aura au quotient le multiplicateur. Dans le fait, si nous multiplions 5 par 4, le produit sera 20; si nous cherchons combien de fois le multiplicateur 4 est contenu de fois dans 20, nous aurons 5 au quotient, nombre égal au multiplicande; de même, en divisant 20 par 5, nous obtiendrons 4 au quotient, ou le diviseur. On opérera de la même manière pour faire la preuve de toutes les multiplications, quelque forts que puissent être les produits, les dividendes et les diviseurs.

12—De la preuve de la Division.

Pour faire la preuve de la division, il faut multiplier le diviseur par le quotient. Si la division est juste, on retrouvera le dividende, en ayant soin toutefois d'ajouter au produit le reste non divisible, s'il y en a un.

Soit 40 que l'on divise par 5, le quotient sera 8; en multipliant 5 par 8, c'est-à-dire le diviseur par le quotient, nous aurons $5 \times 8 = 40$, nombre égal à celui du dividende. On procédera de la même manière pour faire la preuve de toutes les divisions possibles.

13—Des Fractions ordinaires.

Nous ne nous occuperons ici des fractions ordinaires que pour indiquer ce que chacun doit indispensablement savoir de cette partie de l'arithmétique pour l'usage journalier et l'intelligence des fractions décimales, qui remplacent avantageusement les fractions ordinaires.

On appelle *fraction* la quantité qui exprime une ou plusieurs parties de l'unité : un quart, un tiers, trois quarts, trois cinquièmes, six septièmes, etc., sont des fractions d'une unité quelconque; ces fractions sont ordinairement représentées par deux termes, que l'on écrit l'un sous l'autre et que l'on sépare par un trait horizontal, ou bien incliné comme $\frac{3}{4}$ trois quarts, $\frac{1}{2}$ un demi, $\frac{2}{3}$ deux tiers, $\frac{6}{7}$ six septièmes. L'un de ces termes, qui s'appelle *dénominateur,* indique en combien de parties égales l'unité est divisée, et s'écrit en dessous du trait; le second, qui indique combien on prend de ces parties, se nomme *numérateur* , et s'écrit en dessus du trait. Ainsi dans la fraction $\frac{3}{4}$, 3 est le numérateur, 4 le dénominateur. Ici l'unité est divisée en quatre parties égales, dont on a pris trois.

14—Addition des Fractions ordinaires.

De toutes les opérations des fractions, l'addition est la seule règle dont l'usage est fréquent dans les calculs domestiques. Nous allons donc indiquer comment se fait l'addition des fractions. Dans les calculs anciens, l'unité usuelle était divisée par demi, tiers, quart, sixième, huitième et douzième. Ce sera donc sur des nombres ainsi divisés que roulera notre exemple d'addition de fractions. Pour en faciliter l'intelligence, nous ferons remarquer que $\frac{3}{4}+\frac{1}{4}=\frac{4}{4}$, et que $\frac{4}{4}=$ une unité entière, que $\frac{1}{2}+\frac{1}{2}=\frac{2}{2}$ ou l'unité entière 1, que $\frac{2}{3}+\frac{1}{3}=\frac{3}{3}$ également unité entière 1, que $\frac{4}{6}+\frac{2}{6}=\frac{6}{6}$ un entier, que $\frac{5}{8}+\frac{3}{8}=\frac{8}{8}$ l'unité entière 1, que $\frac{7}{12}+\frac{5}{12}=\frac{12}{12}$ ou l'unité entière 1. Cela une fois compris, on a la marche de l'addition des fractions. Autrefois le sou était divisé en 12 deniers; il y avait des pièces de 6 sous, de 12 sous et de 24 sous, des écus de 3 francs, de 6 francs, des louis de 24 francs.

Supposons que nous ayons à additionner :

$$\frac{2}{12}+\frac{5}{12}+\frac{3}{12}+\frac{2}{12}.$$

En additionnant tous les numérateurs, nous trouverons 12; donnant à cette somme le dénominateur 12, nous aurons $\frac{12}{12}$, ou une unité entière; c'est tout comme si nous avions dit : Deux deniers, plus cinq deniers, plus trois deniers, plus deux deniers = 12 deniers ou un sou.

15—Réduction des Fractions ordinaires au même dénominateur.

Dans les calculs, assez ordinairement, le dénominateur n'est pas le même dans les différentes fractions ; dans ce cas, pour pouvoir procéder à l'addition, il faut réduire toutes les fractions devant être additionnées au même dénominateur. Ainsi, si nous avons à additionner :

$$\tfrac{3}{4}+\tfrac{1}{2}+\tfrac{1}{4}+\tfrac{2}{3}+\tfrac{1}{3}+\tfrac{1}{2},$$

on s'y prendra de la manière suivante ; mais nous devons observer auparavant qu'en multipliant les deux termes d'une portion par le même nombre, la fraction ne change pas de valeur, que par conséquent il est toujours facile de réduire une suite de fractions à un commun dénominateur, sans changer la valeur de ces fractions. Il ne s'agit que de trouver ce commun dénominateur. Dans la série des fractions que nous avons proposée ci-dessus pour additionner, nous trouvons que 12 est le commun dénominateur, car 12 est divisible exactement par chacun des dénominateurs ; nous pouvons donc dire : $\tfrac{3}{4}=\tfrac{9}{12}$, $\tfrac{1}{2}=\tfrac{6}{12}$, $\tfrac{1}{4}=\tfrac{3}{12}$, $\tfrac{2}{3}=\tfrac{8}{12}$, $\tfrac{1}{3}=\tfrac{4}{12}$, $\tfrac{1}{2}=\tfrac{6}{12}$; par conséquent, $\tfrac{9}{12}+\tfrac{6}{12}+\tfrac{3}{12}+\tfrac{8}{12}+\tfrac{4}{12}+\tfrac{6}{12}=\tfrac{36}{12}$, ou 3 unités entières, ce qui donne la somme des fractions à additionner.

Maintenant, si nous avions à additionner des fractions avec des entiers, nous procéderions absolument de la même manière : nous chercherions combien les fractions contiennent d'entiers, et nous joindrions les entiers provenant des fractions aux entiers déjà connus, pour en faire l'addition.

$$\begin{array}{rrcr}
\text{Soit} & 8\ \tfrac{3}{4} & = & 8\ \tfrac{9}{12} \\
 & 10\ \tfrac{1}{2} & = & 10\ \tfrac{6}{12} \\
 & 5\ \tfrac{1}{4} & = & 5\ \tfrac{3}{12} \\
 & 2\ \tfrac{2}{3} & = & 2\ \tfrac{8}{12} \\
 & 6\ \tfrac{1}{3} & = & 6\ \tfrac{4}{12} \\
 & 7\ \tfrac{1}{2} & = & 7\ \tfrac{6}{12} \\
\hline
 & & & 41\ \text{entiers.}
\end{array}$$

Ayant réduit toutes les fractions au même dénominateur, nous aurons 9 + 6 + 3 + 8 + 4 + $\frac{6}{12}$ ou $\frac{36}{12}$, ou bien encore trois unités entières, que nous porterons sur la colonne des unités entières. Additionnant le tout ensemble, nous aurons 44, résultat de l'addition totale des fractions et des entiers.

Remarque.

Il arrive souvent que la totalité des fractions ne peut se réduire en entier dans le résultat de l'addition : dans ce cas, on place le reste en fraction à la droite du nombre entier obtenu pour résultat, comme 20 entiers, et $\frac{6}{12}$ ou bien $\frac{1}{2}$, car $\frac{6}{12}$ ou un $\frac{1}{2}$ sont la même chose, en réduisant $\frac{6}{12}$ à sa plus simple expression.

16—Soustraction des Fractions.

Pour soustraire une fraction d'une autre, il faut les réduire toutes les deux au même dénominateur ; pour les réduire au même dénominateur, il faut multiplier les deux termes de l'une par le dénominateur de l'autre,

Soit $\frac{1}{2}$ à soustraire de $\frac{3}{4}$; pour réduire ces deux fractions au même dénominateur, nous multiplierons d'abord un $\frac{1}{2}$ par 4, le dénominateur de $\frac{3}{4}$: nous aurons $\frac{4}{8}$; multipliant $\frac{3}{4}$ par 2, le dénominateur d'un $\frac{1}{2}$, nous aurons $\frac{6}{8}$. Alors nous aurons les fractions $\frac{6}{8} - \frac{4}{8} = \frac{2}{8} = \frac{1}{4}$: donc $\frac{3}{4} - \frac{1}{2} = \frac{6}{8} - \frac{4}{8} = \frac{2}{8} = \frac{1}{4}$. Le résultat de la soustraction est donc $\frac{1}{4}$.

Observations.

Ne voulant, dans cet ouvrage, donner que ce qui est absolument nécessaire aux praticiens agricoles en fait de calcul, nous croyons que la multiplication et la division des fractions leur est parfaitement inutile : nous ne dirons donc rien sur ces parties de l'arithmétique ; d'ailleurs, comme nous l'avons déjà fait observer, pour le praticien agricole, le calcul des fractions ordinaires est avantageusement remplacé par celui des fractions décimales, dont nous allons nous occuper.

17—Des Fractions décimales.

On appelle *fractions décimales* celles qui ont pour déno—

minateur l'unité suivie d'un ou plusieurs zéros, comme $\frac{1}{10}$, $\frac{6}{100}$, $\frac{7}{100}$, $\frac{8}{10000}$, qui sont autant de fractions décimales, ayant pour dénominateurs 10, 100, 1000, 10000, que l'on nomme *dénominateurs décimaux*. Ici, l'unité est divisée en dix parties égales, que l'on nomme *dixièmes;* chacune de ces parties ou dixième est divisée en dix parties, dont chacune est la centième partie de l'unité. Ces centièmes d'unité sont, à leur tour, divisés en dix parties, dont chacune est la millième partie de l'unité; chaque millième partie est divisée en dix parties, dont chacune est la dix millième partie de l'unité. On procède toujours de même pour obtenir les cent millièmes, les millioniémes, etc., etc.; car quelque faibles que soient les parties, elles sont toujours susceptibles de se diviser à l'infini par 10.

Au lieu de donner à la fraction décimale un dénominateur, comme nous l'avons fait ci-dessus, pour faciliter l'intelligence on est convenu de placer une virgule à la droite du chiffre qui représente les unités; à la suite on écrit les chiffres qui indiquent les dixièmes, les centièmes, les millièmes, et successivement jusqu'aux fractions décimales les plus faibles. Ainsi $6\frac{3}{10} = 6, 3$, c'est-à-dire six entiers trois dixièmes.

$6\frac{3}{10} + \frac{5}{100} + \frac{4}{1000} = 6, 354$, c'est-à-dire six entiers, plus trois cent cinquante-quatre millièmes. Si au lieu de trois fractions décimales, nous n'en avions que deux, nous aurions $6 + \frac{3}{10} + \frac{5}{100} = 6, 35$, ou six entiers trente-cinq centièmes.

Si le nombre ne contenait pas d'unités entières, on mettrait un zéro à leur place, et on aurait $\frac{3}{10} + \frac{5}{100} + \frac{4}{1000} = 0, 354$, c'est-à-dire zéro entiers et trois cent cinquante-quatre millièmes : on doit mettre des zéros à la place des chiffres décimaux qui n'existeraient pas dans la fraction décimale. Ainsi, par exemple, les fractions 0, 4 + 0, 0008 sont représentées par la fraction décimale suivante: 0, 4008 (quatre dixièmes huit dix millièmes, ou quatre mille huit dix millièmes).

18—Différence existant entre le Chiffre décimal et la Fraction décimale.

Pour pouvoir bien se rendre compte du mécanisme décimal, il faut savoir faire la différence qui existe entre un nombre décimal et une fraction décimale : 9, 687 est un nombre décimal, 0, 687 est une fraction décimale; les chiffres ainsi placés représentent de véritables fractions, ayant pour dénominateurs 10, 100, 1000, etc., qui sont sous-entendus, et que l'on pourra rétablir toutes les fois qu'on le voudra. $\frac{687}{1000}$ est la même fraction que 0,687 $= \frac{687}{1000}$.

19—Manière de lire les nombres décimaux.

Pour lire un nombre décimal quelconque, on pourra énoncer sucessivement les diverses parties dont il se compose. Le nombre décimal 8, 567 représente 8 unités entières, 5 dixièmes, 6 centièmes et 7 millièmes; mais au lieu de décomposer ainsi les nombres décimaux, comme tout y marche successivement par dizaines de l'ordre le moins élevé du nombre, nous lirons : huit unités cinq cent soixante-sept millièmes. Si nous avions à lire : 8, 5074, où les centièmes sont représentés par 0, nous dirions : huit unités cinq mille soixante-quatorze dix millièmes; c'est-à-dire qu'après avoir énoncé les parties entières des nombres décimaux, on énonce la partie décimale en lui donnant le nom des unités du dernier ordre : dans le nombre décimal ci-dessus, les unités du dernier ordre sont des dix millièmes. Elles pourraient être des cent millièmes, des millioniemes, etc.

20—Zéros placés à la droite d'une Fraction décimale.

On peut placer autant de zéros que l'on voudra à la droite d'un nombre décimal ou fraction décimale, sans en changer la valeur ; par exemple, 0, 59 est égal à 0,59000, cinquante-neuf cent millièmes : la valeur de ces deux fractions décimales ne change pas; seulement les unités de la deuxième sont mille fois plus petites et mille fois plus nombreuses : la valeur est donc toujours la même. Il n'en est pas de même dans les nombres entiers : ils deviennent dix, cent, mille fois plus grands, à mesure que l'on ajoute 1, 2, 3 zéros sur leur droite ; en plaçant à la droite de cinquante-neuf unités entières trois zéros, on aura 59000, cinquante-neuf mille unités, c'est-à-dire un nombre mille fois plus grand. Cependant, dès que l'on place une virgule à la droite d'un nombre entier, on peut, à la suite de cette virgule, ajouter tant de zéros que l'on voudra sans changer la valeur de ce nombre. Ainsi, si après 59 on place une virgule et six zéros, on n'aura jamais que 59=59,000000, c'est-à-dire cinquante neuf entiers et zéros de fractions décimales.

21—Multiplication, Division des Nombres décimaux, en avançant ou reculant la virgule.

Pour multiplier un nombre décimal par 10, 100, 1000, etc., il ne s'agit que d'avancer la virgule d'un, deux, trois rangs sur la droite; de même en reculant la virgule d'un, deux, trois rangs vers la gauche du nombre décimal, on le divise par 10, 100, 1000, ainsi de suite.

Pour multiplier 745 unités 6835 dix millièmes par 1000, on écrira 745 683, 5.

Pour diviser 745 683, 5, on placera la virgule trois chiffres vers la gauche, et nous aurons 745, 6835, c'est-à-dire le même chiffre d'où nous sommes partis.

Si à la droite où à la gauche du nombre à multiplier ou à diviser il n'y avait pas assez de chiffres pour le déplacement de la virgule, on y suppléerait en y plaçant un nombre convenable de zéros;

Soit 7, 45 à multiplier par 10000, on aura 74500.

Pour diviser 7, 45 par 10000, on aura 0,000745.

22—Transformation des Fractions ordinaires en Fractions décimales.

Soit la fraction $\frac{3}{4}$ dont il faut trouver la fraction décimale équivalente; si l'unité entière que représente le dénominateur 4 vaut 100 centièmes, le 3 qui représente le numérateur vaudra $\frac{3}{4}$ de cent centièmes, c'est-à-dire zéro entier soixante-quinze centièmes. Faisant la division de $\frac{3}{4}$ comme pour les nombres entiers, nous aurons 3 à diviser par 4.

```
3  |4
   |-----
30  0,75
 20
 ---
 00
```

Comme 4 n'est pas contenu dans 3, nous placerons 0 au quotient, à la droite duquel nous mettrons une virgule. Nous aurons pour reste un dividende partiel 3, sur la droite duquel nous placerons un 0. Le dividende partiel sera alors de 30, qui contient 4 sept fois; nous porterons 7 au quotient à la droite de la virgule, nous aurons pour reste 2, à la droite duquel nous placerons 0. Le second dividende partiel sera de 20; 4 est contenu cinq fois exactement dans 20: nous porterons donc 5 au quotient. La fraction $\frac{3}{4}$ réduite en fraction décimale est donc 0,75 (soixante-quinze centièmes), $0,75 = \frac{3}{4} = \frac{75}{100}$ ou trois quarts de cent centièmes.

OPÉRATIONS DES NOMBRES DÉCIMAUX.

25—De l'Addition des Nombres décimaux.

Pour faire l'addition des nombres décimaux on les écrit les uns au-dessous des autres, ayant soin de placer les unités de même ordre dans la même colonne verticale, et d'opérer comme pour les nombres entiers. Soit 3,456 + 5,847 + 6,793 à additionner; nous procéderons comme il suit :

```
 3,456
 5,847
 6,793
------
16,096
```

La virgule se place avant le résultat du nombre entier, après avoir épuisé les colonnes des chiffres décimaux, lorsqu'il n'y a plus que le reste à porter sur les nombres entiers.

24—De la Soustraction des Nombres décimaux.

La soustraction des nombres décimaux se fait comme celle des nombres entiers. Soit 25,456 à soustraire de 136,547.

Nous écrirons :

```
136,547
 25,456
-------
111,091
```

La virgule se place dans la soustraction comme dans l'addition, après avoir soustrait les chiffres décimaux.

Si le nombre des chiffres décimaux était plus considérable dans le nombre à soustraire que dans celui dont on retranche, on prendrait sur le dernier chiffre une unité valant dix unités du chiffre qui est à retrancher, et on procéderait comme il suit : Soit 136,547, dont on retranche 25,4569. On écrit :

```
136,547
 25,4569
--------
111,0971
```

et l'on dit : Qui de rien ôte 9 ne peut; on emprunte 1 sur le 7 du nombre décimal qui vaut 10, on dit : Qui de 10 ôte 9 reste 1, que l'on prte au résultat au-dessous du 9, et on continue la soustraction.

25—De la Multiplication des Nombres décimaux.

Pour multiplier deux nombres décimaux l'un par l'autre, on opère comme on le ferait pour des nombres entiers, sans avoir aucun égard à la virgule. L'opération terminée, on sépare sur la droite du produit, allant de droite à gauche, autant de chiffres décimaux qu'il y en a dans les deux facteurs, le multiplicande et le multiplicateur.

Soit 24,789 à multiplier par 21,654. On écrit comme pour les nombres entiers.

```
      24789   Multiplicande.
      21654   Multiplicateur.
      -----
      99156
     123945
    148734
    24789
   49578
  ---------
 536,781006
```

Après avoir fait la multiplication comme pour les nombres entiers, on sépare six chiffres par la virgule, allant de droite à gauche, c'est-à-dire autant de chiffres décimaux qu'il y en a dans le multiplicande et le multiplicateur ; on a obtenu 536 unités entières et 781006 millionièmes.

26—De la Division des Nombres décimaux.

Pour diviser un nombre décimal par un autre nombre décimal, on complète par des 0 le nombre des chiffres décimaux dans celui des deux nombres qui en a le moins ; on supprime la virgule et l'on opère comme pour deux nombres entiers. Soit 8563,4 à diviser par 3,427. Nous écrivons donc 8563,400 par 3,427 ; retranchant les virgules nous aurons 8563400 à diviser par 3427.

```
8563400 |3427
        |--------
6854     2498,80
----
17094
13708
-----
 33860
 30843
 -----
  30170
  27416
  -----
   27540
   27416
   -----
    1240 Reste.
```

Ainsi donc dans la division des nombres décimaux, qui se fait, d'après ce que nous venons de voir, comme par les nombres entiers, au moyen des dispositions indiquées, après avoir abaissé tous les chiffres et les 0 du dividende et avoir porté le résultat au quotient, on place une virgule à la droite de ce quotient et un 0 à la droite du reste pour le réduire en fractions décimales ; on continue la division en ajoutant toujours un zéro au reste, jusqu'à ce que le reste soit épuisé, ou que l'on juge que le quotient est aussi exact, aussi approximatif que possible.

Au lieu de compléter le nombre des chiffres décimaux des deux termes de la division, comme nous l'avons fait dans l'exemple précédent, on pourra se contenter d'avancer la virgule vers la droite d'autant de rangs qu'il sera nécessaire dans chaque terme pour que le diviseur devienne un nombre entier, ayant soin de placer la virgule au quotient, avant d'abaisser le chiffre des dixièmes du dividende. Soit le nombre décimal 69,54638 à diviser par 3,46. Ici il faut avancer la virgule de deux rangs vers la droite, pour que le diviseur devienne entier : on aura donc 6954,638 à diviser par 346.

6954,638	346
034 6	20,100
00 038	

Enfin si nous avons la fraction décimale 4,7 à diviser par 5,3572, nous ajouterons trois zéros à la droite du dividende pour qu'il ait autant de chiffres décimaux que le diviseur, et nous négligerons la virgule dans les deux termes, avec lesquels nous opérerons comme avec des nombres entiers : alors nous aurons 47000 à diviser par 53572 ou bien la fraction $\frac{47000}{53572}$.

Nous voyons, d'après ce qui précède, qu'au moyen d'un simple déplacement de virgule, le calcul décimal se trouve ramené au calcul des nombres entiers. Dans cette division le diviseur étant plus fort que le dividende, on portera d'abord un zéro au quotient et une virgule à la droite; ensuite on ajoutera un zéro à la droite du dividende, et on continuera, pour procéder à l'opération, comme nous l'avons indiqué pour obtenir des fractions décimales au quotient.

```
470000 |53572
       ------
414240  0,87
 39236
```

27—Mesures usuelles.

Jusqu'à présent nous avons considéré l'unité d'une manière abstraite et générale: cela suffisait quand il ne s'agissait que de théories; mais lorsque l'on veut passer à l'application, il est nécessaire d'adopter pour unité une grandeur déterminée à laquelle on puisse comparer toutes les autres grandeurs de même espèce. L'unité de mesure dont on se sert en France pour mesurer la longueur, la surface et la capacité, est le mètre, la quarante millionième partie de la circonférence de la terre, prise sur un grand cercle passant par les pôles.

28— Mesures de longueur.

Le *mètre* équivaut à peu près à trois pieds onze lignes ancienne mesure; il se divise en cent parties que l'on nomme *centimètres ;* dix de ces parties forment un *décimètre* ou la dixième partie du mètre. Chaque centimètre se divise en dix parties que l'on nomme *millimètre,* de sorte que le mètre est divisé en mille parties, 1000 millimètres.

Dix mètres forment un *décamètre.*
Cent mètres forment un *hectomètre.*
Mille mètres forment un *kilomètre.*
Dix milles mètres forment un *myriamètre.*
On écrit en chiffres :

1 mètre.
0,1 décimètre.
0,01 centimètre.
0,001 millimètre.

29—Noms des Mesures qui avec le mètre et ses divisions composent tout le système des poids et mesures dont on se sert en France.

Le mètre.
Le mètre carré.
Le mètre cube.
L'are.
Le stère.
Le litre.
Le gramme.
Le franc.

Le mètre carré est l'unité de surface. Cette unité est un carré dont les quatre faces sont chacune d'un mètre de longueur.

Le mètre cube est l'unité de volume. Le mètre cube est une figure pleine, dont toutes les faces ont un mètre en largeur, en longueur et en épaisseur. Cette figure ressemble à un dé à jouer.

Le stère, mesure de bois, est équivalent à un mètre cube.

Le litre, mesure de capacité, est équivalent à un cube qui aurait pour côté un décimètre ou la dixième partie du mètre.

Le gramme, unité de mesure, de poids, est égal au poids d'un centimètre cube d'eau distillée.

Le franc, unité de monnaie, pèse cinq grammes; il contient neuf dixièmes de métal et un dixième d'alliage.

Le gramme, unité de poids.
Le décagramme vaut dix grammes.
L'hectogramme vaut cent grammes.
Le kilogramme vaut mille grammes.
Cent kilogrammes représentent le quintal métrique.
Le litre, mesure de capacité.
Le décalitre vaut dix litres.
L'hectolitre vaut cent litres.

Un vase de la capacité d'un mètre cube contient dix hectolitres.

Un kilolitre vaut mille litres.

Comme on le voit, tout peut se calculer, se mesurer avec le mètre et ses divisions.

30—Des Proportions.

Nous ne donnerons ici des proportions que ce qui est nécessaire pour les établir et pour servir aux calculs de première nécessité.

31—Du Rapport.

On donne le nom de *rapport* au résultat de la comparaison de deux quantités. Lorsque quatre quantités sont telles que le rapport des deux premières est le même que le rapport des deux dernières, ces quatre quantités donnent une *proportion ;* mais comme il y a deux sortes de rapports, le rapport par différence et le rapport par quotient, il y a aussi deux sortes de proportions.

32—Des Proportions par différence.

On aura une proportion par différence ou arithmétique, si la différence entre les deux premiers termes est la même que la différence entre les deux derniers. Ainsi les quatre nombres suivants : 8.12:20.24, représentent une proportion par différence, et l'on prononce : 8 est à 12 comme 20 est à 24. Comme on le voit dans les deux membres de la proportion, la différence est 4. 12—8=4, 24—20=4 : puisque la différence est ici la même, il y a proportion par différence.

33—De la Proportion par quotient.

Pour les proportions par quotient, on aura les nombres 8:24::20:60, que l'on prononce comme ci-dessus : 8 est à 24, comme 20 est à 60 ; 8 est contenu 3 fois dans 24, et 20 est également contenu 3 fois dans 60 : il y a donc rapport par quotient entre les deux membres, et par conséquent proportion entre ces nombres.

34—Des Extrêmes et des Moyens.

Dans toute proportion, le premier et le dernier terme se nomment *extrêmes*, le second et le troisième se nomment *moyens*. Dans toute proportion par différence, la somme des extrêmes est égale à la somme des moyens. Dans la proportion 8. 12:20. 24

$8+24=32$, somme des extrêmes.
$12+20=32$, somme des moyens.

Dans toute proportion par quotient, le produit des extrêmes est égal au produit des moyens. Dans la proportion 8:24::20:60.

$8\times60=480$, produit des extrêmes.
$24\times20=480$, produit des moyens.

On peut changer de place les termes d'une proportion par différence; mais il faut qu'il y ait toujours rapport entre eux pour qu'il y ait proportion.

Dans la proportion 8. 12 : 20. 24, si l'on change les moyens de place on aura 8. 20 : 12. 24. La somme des extrêmes et celle des moyens sera toujours la même. On peut faire ici jusqu'à huit permutations de ce genre avant de revenir aux termes de la proportion primitive, la somme des extrêmes étant toujours égale à la somme des moyens. Nous ferons remarquer ici que le rapport qui marque la différence change à chacune des permutations, mais que l'égalité entre les deux rapports existe toujours.

35—Connaissant les trois Termes de la Proportion, trouver le quatrième.

Il résulte des principes précédents que, connaissant les trois termes d'une proportion, il sera toujours facile de calculer le quatrième; en effet, si nous avons 8. 12 : 20. x, on fera la somme des extrêmes et celle des moyens, et on aura

$8+x$ et $12+20$. En retranchant 8 de chaque côté, on aura $x=24$, qui est le quatrième terme.

Dans toute proportion par quotient ou géométrique, le produit des extrêmes est égal au produit des moyens.

Dans la proportion suivante : 9 : 27 : : 13 : 39.

$$9 \times 39 = 351, \text{ produit des extrêmes.}$$
$$27 \times 13 = 351, \text{ produit des moyens.}$$

Si l'on combine les termes d'une proportion de manière à ce que le produit des extrêmes soit égal au produit des moyens, il y aura toujours proportion.

Dans la proportion suivante, on aura, en changeant les moyens de place :

12 : 3 : : 20 : 5.
12 : 20 : : 3 : 5.

On peut également mettre les extrêmes à la place des moyens, et l'on aura 20 : 12 : : 5 : 3 ; changeant de nouveau les moyens de place, on aura 20 : 5 : : 12 : 3; mettant les extrêmes à la place des moyens, on aura 5 : 20 : : 3 : 12.

Dans tous ces différents changements des termes de la proportion, le produit des extrêmes est toujours égal au produit des moyens.

Lorsqu'on a trois termes d'une proportion par quotient ou géométrique, il est toujours facile de trouver le quatrième en faisant le produit des moyens, le divisant par l'extrême connu ; s'il s'agissait de trouver un moyen, on multiplierait les deux extrêmes, on diviserait le produit par le moyen connu : Ainsi, dans la proportion 8 : 24 : : 6 : x, nous aurons $x=\frac{24 \times 6}{8}=18$.

Si la proportion était ainsi posée 8 : 24 : : x : 18, nous aurions $x=\frac{8 \times 18}{24}=6$, moyen cherché.

Maintenant que nous connaissons les chiffres et la manière de les écrire; que nous savons écrire et lire les nombres;

que nous connaissons les quatre règles des nombres entiers ; que nous connaissons les chiffres et les nombres décimaux, la manière de les écrire et de les lire; que nous savons faire les quatre règles, avec les chiffres et les nombres décimaux ; que nous avons une idée des fractions ordinaires et des proportions, nous allons nous occuper de l'application de l'arithmétique aux besoins usuels.

36—Règle de *trois* simple.

45 ouvriers ont fait 225 mètres d'ouvrage ; combien 60 ouvriers en feront-ils?

Ce calcul est facile : il ne s'agit que de trouver l'ouvrage qu'a fait un seul ouvrier. Pour cela on divise 225 par 45 ; le quotient donnera ce qu'a fait l'ouvrier, et on multipliera le nombre trouvé au quotient par 60. Or 225 divisés par 45 donnent un quotient de 5, quantité d'ouvrage fait par un ouvrier ou la 45e partie de 225. Multipliant 5 par 60, nous aurons $5\times60=300$ quantité de mètres de travail fait par 60 ouvriers, ou la proportion $45 : 225 :: 60 : x$. $x=\frac{225\times60}{45}=300$.

On arrivera au même résultat en multipliant le nombre des mètres d'ouvrage connus par le nombre d'ouvriers dont l'ouvrage n'est pas connu, divisant ce produit par le nombre d'ouvriers dont l'ouvrage est connu, et on aura $x=\frac{225\times60}{45}=300$.

37—Règle de *trois* composée.

Dans toutes les règles un peu composées, nous serons mécaniques autant que possible, pour les rendre plus faciles à saisir à toutes les intelligences.

40 ouvriers en 30 jours ont fait 400 mètres d'ouvrage ; combien 20 ouvriers en 15 jours en feront-ils?

Pour ramener cette règle à un résultat juste, il faut multiplier le nombre de mètres d'ouvrage connus, c'est-à-dire 400, successivement par le nombre d'ouvriers et le nombre de jours dont l'ouvrage n'est pas connu, c'est-à-dire par 20 et par 15, et diviser le produit par le produit du nombre d'ouvriers et du nombre de jours dont l'ouvrage est connu, c'est-à-dire par le produit de 40×30.

On aura $x=\frac{400\times20\times15}{40\times30}=\frac{120,000}{1200}=100$. Cent est le nombre de mètres faits par vingt ouvriers en 15 jours.

38—Autre Règle de *trois* plus composée.

72 ouvriers travaillant 120 jours, 8 heures par jour, ont fait 720 mètres d'ouvrage; on demande combien 60 ouvriers travaillant 9 heures par jour feront du même ouvrage en 64 jours.

Ici, comme dans la règle précédente, il faudra multiplier le nombre de mètres d'ouvrages connus successivement par le nombre d'ouvriers, de jours et d'heures, dont l'ouvrage n'est pas connu, et diviser ce produit par le nombre d'ouvriers dont l'ouvrage est connu, multiplié successivement par le nombre de jours et d'heures qu'ont travaillé les ouvriers dont l'ouvrage est connu, c'est-à-dire qu'en multipliant $720\times60\times64\times9$ on aura 24883200 à diviser par $72\times120\times8$, ou par 69120. Ainsi :

$$x=\frac{720\times60\times64\times9}{72\times120\times8}=\frac{24,883,200}{69,120}=360.$$

60 ouvriers, pendant 64 jours, travaillant 9 heures par jour, feront donc 360 mètres d'ouvrage. On arrivera au même résultat, en divisant 720 par 72 : on aura l'ouvrage d'un ouvrier; multipliant ce quotient par 60, on aura l'ouvrage de 60 ouvriers; divisant ce produit par 120, on aura l'ouvrage d'une journée de travail; multipliant ce quotient par 64, on aura 64 journées de travail ; multipliant ce produit par 9 et le divisant par 8, on obtiendra 360 mètres pour le travail de 60 ouvriers.

$\frac{720}{72}=10\times60=600$ $\frac{600}{120}=5\times64=320\times9=2880$ $\frac{2880}{8}$ $=360$, qui est le produit demandé.

39—Règle d'*intérêt*.

On demande quel serait l'intérêt de 82,000 fr. prêtés pour trois ans, intérêt à 5 pour cent.

Pour le taux de l'intérêt on prend ordinairement l'intérêt de 100 francs pendant un an pour terme de comparaison.

Ainsi lorsque 100 francs rapportent 5 francs par an, l'argent est placé à 5 pour cent par an. Cela une fois bien compris, la question demandée devient excessivement simple. Si l'on divise la somme prêtée 82000 par 100, on aura la centième partie de cette somme ou l'intérêt à 1 pour cent; multipliant ce centième par 5, on aura le 5 pour cent de cette somme ou son intérêt à 5 pour cent pendant une année; multipliant cet intérêt d'une année par 3, on aura l'intérêt demandé.

Donc $x = \frac{5 \times 82000 \times 3}{100} = \frac{1230,000}{100} = 12,300$. 12,300 fr. est l'intérêt demandé.

On peut de même faire ce calcul d'intérêt, en établissant la proportion suivante : 100, terme de comparaison, est à 5, taux de l'intérêt, comme la somme prêtée 82000 est à x. Nous ferons remarquer ici que dans cette proportion nous ne pourrons obtenir que l'intérêt d'une année, et que pour obtenir celui de trois ans nous n'aurons qu'à multiplier le résultat par 3.

Établissons donc en chiffres la proportion :

$$100 : 5 :: 82000 : x$$

Multipliant les moyens et divisant par l'extrême connu, nous aurons $x = \frac{82000 \times 5 \times 3}{100}$ 12,300 francs, qui est l'intérêt cherché.

Deuxième question. L'intérêt étant de $5\frac{3}{4}$ par an, on demande l'intérêt de 72480 placé pendant trois ans huit mois.

Ici il faut réduire les unités entières du taux de l'intérêt en quarts et on aura 5 entiers $\frac{3}{4}=\frac{23}{4}$, parce que 5 entiers font 20 quarts plus $\frac{3}{4}$ que nous avons déjà égalent 23 quarts. Réduisant également les années en mois, les trois années donneront 36 mois + 8 mois = 44 mois : nous aurons donc $\frac{44}{12}$ d'année. Après avoir réduit toutes les unités en unités de la plus petite espèce, nous établirons la division suivante :

$$\frac{23\times72480\times44}{4\times100\times12}=\frac{73\ 549{,}760}{4800}=15\ 281{,}2$$ qui est l'intérêt demandé.

40—Règle de *société*.

La mise de chacun des associés est de 10 000 fr., 8 000 fr., 6 000 fr., 5 000 fr., 4 000 fr., et le bénéfice est de 50 000 fr.

Le premier,	10 000 francs.
Le deuxième,	8 000 francs.
Le troisième,	6 000 francs.
Le quatrième,	5 000 francs.
Le cinquième,	4 000 francs.
Mise totale	33 000 francs.

Le bénéfice pour 1 fr. est de $\frac{50000}{33000}=\frac{50}{33}=1$ fr. 51515.

Bénéfice du premier, $\frac{10\ 000\text{f.}\times50}{33}=15\ 151{,}515.$

Bénéfice du deuxième, $\frac{8\ 000\text{f.}\times50}{33}=12\ 121{,}121.$

Bénéfice du troisième, $\frac{6\ 000\text{f.}\times50}{33}=9\ 090{,}909.$

Bénéfice du quatrième, $\frac{5\ 000\text{f.}\times50}{00}=7\ 575{,}757.$

Bénéfice du cinquième, $\frac{4\ 000\text{f.}\times50}{33}=6\ 060{,}606.$ Reste. 92.

50000,000.

Nous bornerons là ce que nous avons à dire sur l'arithmétique et son application. Nous avons cherché à en rendre les calculs aussi mécaniques que possible, pour en faciliter l'intelligence aux personnes peu habituées à réfléchir : c'est particulièrement pour ces personnes que nous avons écrit, en leur parlant aux yeux autant qu'il nous a été possible de le faire.

NOTIONS

DE GÉOMÉTRIE.

41—Pratique.

L'agronome praticien éprouve souvent le besoin, dans le cours de ses travaux d'exploitation, de mesurer la surface de sa propriété, d'une parcelle de terre; de connaître la capacité, l'excavation d'un trou, d'un fossé, d'un puits; de calculer la quantité des déblais et des remblais, le cubage de maçonnerie, le nivellement du sol. Pour procéder à ces travaux et faire des calculs exacts, le praticien doit posséder les premiers éléments de géométrie, connaître son arithmétique, et avoir quelques idées d'arpentage; sans ces connaissances préliminaires, il lui serait impossible d'agir par lui-même. Il serait forcé, dans ce cas, ou d'abandonner ses travaux au hasard, ou d'y faire procéder par des mains étrangères, ce qui est coûteux et souvent difficile, en raison de l'éloignement des lieux, et encore n'est-il jamais bien assuré que le travail ait été consciencieusement fait.

Nous avons donc cru, pour parer à ces inconvénients, qu'il était nécessaire de faire entrer quelques éléments de géométrie dans cet ouvrage; mais avant d'arriver à la démonstration, nous ferons remarquer que les mots *surface*, *étendue*, *superficie*, expriment absolument la même chose, lorsqu'ils ont rapport aux terrains.

La surface ou superficie est toujours supposée renfermée dans des lignes.

42—Des différentes Lignes.

On appelle ligne *droite* le plus court chemin pour arriver d'un point à un autre. La ligne AB (*fig.* 1) est une ligne droite.

La ligne *brisée* est celle qui est composée de plusieurs lignes droites. La ligne ABCDEF (*fig.* 2) est une ligne brisée.

La ligne *courbe* décrit un contour. La ligne QP (*fig.* 3) est une ligne courbe.

On dit que deux lignes sont *parallèles* lorsque, placées à la même distance l'une de l'autre sur toute leur étendue, elles ne peuvent se rencontrer, quelque prolongées qu'on les suppose. Les lignes IK, NM (*fig.* 4), sont deux lignes parallèles.

On appelle ligne *perpendiculaire* une ligne qui vient tomber d'aplomb sur une autre ligne *horizontale*, sans pencher plus d'un côté que de l'autre (*fig.* 5, AB). Le fil d'aplomb dont se servent les maçons est une ligne perpendiculaire, lorsqu'elle est placée d'équerre, comme disent les ouvriers, sur la ligne horizontale sur laquelle ils construisent.

La ligne AB est perpendiculaire sur la ligne CD horizontalement placée. Si la ligne AB penchait sur CD vers D, ou vers C, comme le fait la ligne BM, cette ligne serait *oblique* et non perpendiculaire, parce qu'elle penche plus d'un côté que de l'autre, comme nous le voyons dans la *fig.* 5.

43—Des Angles.

Lorsque deux lignes se rencontrent, elles forment un angle quelconque ; lorsqu'elles se rencontrent perpendiculairement l'une à l'autre, elles forment des angles droits ; lorsqu'elles se rencontrent obliquement, elles forment des angles aigus ou obtus.

L'angle ABC (*fig.* 6) est droit ;

L'angle MNO (*fig.* 7) est aigu ;

L'angle IKH (*fig.* 8) est obtus.

L'angle aigu est plus petit que l'angle droit ; l'obtus est au contraire plus grand, comme il est facile de le remarquer dans les *fig.* 6, 7 et 8.

44—Des Triangles.

Le triangle est une figure composée de trois côtés et de trois angles. Le triangle BAC (*fig.* 9), qui a un angle droit A, est un triangle *rectangle*. Le triangle rectangle est la base de l'arpentage. Le triangle DNK (*fig.* 10) est un triangle *équilatéral*, et également *équiangle*, parce que ses trois côtés et ses trois angles sont égaux. Sa hauteur est NP.

Le triangle MPO (*fig.* 11) est un triangle *obtusangle*, parce qu'il a un angle obtus. HP est sa hauteur.

On appelle triangle *isocèle* celui qui n'a que deux côtés égaux. Le triangle CEJ (*fig.* 12) est un triangle isocèle, parce que les deux côtés CE et EJ sont égaux, et que le troisième CI est inégal.

Le triangle *scalène* est celui qui n'a aucun de ses côtés égaux. Le triangle AQH (*fig.* 13), dont tous les côtés sont inégaux, est un triangle scalène.

Tous les triangles possibles doivent avoir une des formes des cinq figures triangulaires que nous venons de citer.

45—Du sommet, de la base et de la hauteur des Triangles.

Dans tout triangle on doit distinguer la base et le sommet. Dans le triangle rectangle, la base est l'une des deux lignes perpendiculaires, AC ou AB (*fig.* 9) ; le sommet est l'angle opposé à la base : le sommet du triangle ABC est l'angle B si AC sert de base ; c'est l'angle C si BA est la base. Dans le triangle équilatéral, on prend l'un des côtés indifféremment pour en faire la base ; le sommet est l'angle opposé à la base ; la hauteur est la perpendiculaire tirée du sommet sur la base : la hauteur du triangle DNK (*fig.* 10) est la perpendiculaire NP tirée sur la base.

Dans le triangle obtusangle, on prend pour base le côté opposé à l'angle obtus : ainsi dans le triangle obtusangle MPO (*fig.* 11) le côté MO est la base, et la perpendiculaire PH abaissée de l'angle obtus opposé à la base est la hauteur. Dans tous les autres triangles, on prend indifféremment l'un des côtés pour base, et pour sommet l'angle opposé au côté pris pour base ; la hauteur est toujours la perpendiculaire abaissée du sommet sur la base.

46—Des surfaces des Triangles.

La surface d'un triangle quelconque est toujours égale au produit de sa base par la moitié de sa hauteur.

Soit le triangle ONP (*fig.* 14), dont on demande la surface. Prenons OP pour base, NM pour hauteur du triangle; supposons maintenant que la base OP=12, et la hauteur NM=10; nous dirons : Surface ONP=OP×$\frac{1}{2}$MN, ou bien : Surface ONP= 12×5 qui est la moitié de la hauteur=60 qui est la surface du triangle demandé. Si l'unité de mesure est le mètre, nous aurons 60 mètres carrés pour la surface du triangle : c'est donc en multipliant la base par la moitié de la hauteur d'un triangle quelconque, que l'on obtiendra toujours sa surface, quelle que soit d'ailleurs son espèce, soit que l'on opère sur le terrain ou sur le papier.

DES QUADRILATÈRES OU FIGURES DE QUATRE COTÉS.

47—Du Carré; sa surface.

La figure 15 ADCB, dont tous les côtés sont égaux et parallèles et dont tous les angles sont droits, est un carré. On prend la surface d'un carré en multipliant un de ses côtés par lui-même. Supposons que tous les côtés du carré ADCB aient chacun pour mesure 10 mètres; multipliant 10 par 10=100, la superficie du carré ABCD, dont tous les côtés sont égaux et parallèles, sera de 100 mètres carrés ou de 100 carrés ayant une surface d'un mètre carré chacun et un mètre sur les quatre faces. On élève un nombre au carré en multipliant ce nombre par lui-même. 10×10=100. Cent est le carré de 10.

48—Du Rectangle ; sa surface.

Le rectangle est une figure dont tous les côtés sont parallèles et égaux deux à deux, ayant les angles droits. La figure 16 MNOP est un rectangle. On prend la surface d'un rectangle en multipliant un de ses grands côtés qui sert de base par un des petits qui est la hauteur.

Dans la figure 16 MNOP, le côté OP la base mesurant 30 et le côté MO la hauteur équivalant à 10, nous aurons, pour la surface de MOPN, OP×MO= surface MOPN, ou, en opérant avec les chiffres, 30×10=300. Ce dernier chiffre représente la surface de MOPN en mètres carrés, si le mètre a été pris pour unité de mesure. On peut encore évaluer la surface d'un rectangle en le divisant en deux triangles rectangles égaux par une diagonale allant d'un angle à un autre.

Dans le rectangle MOPN, tirant la diagonale MP, nous aurons les deux triangles MNP et MPO, et nous dirons : Surface NMP+ surface MPO= surface MNPO ou la surface du rectangle que représente la figure 16.

Nous savons que les grands côtés du rectangle sont égaux à 30 mètres et les petits côtés à 10 mètres ; nous aurons pour la surface du triangle NMP=30×5= surface 150+ pour la surface MPO=30×5=150. Or 150+150 = 300 mètres carrés comme ci-dessus.

49—Du Losange ; sa surface.

Le losange est une figure dont les côtés sont parallèles deux à deux, ayant deux angles aigus et deux angles obtus. La figure 17 IKHG, dont le côté KH est parallèle au côté IG, le côté IK parallèle au côté GH, l'angle K et G tous les deux aigus, et les angles I et H tous les deux obtus, est un losange.

Pour prendre la surface du losange, on le divise en deux triangles isocèles, IKH et IGH, dont on prend la surface séparément; additionnant les produits des surfaces des deux triangles, on a la surface du losange; joignant par les lignes droites KG et IH les angles K et G et J et H, on aura les triangles IKH et IGH, dont IH sera la base commune, et OK et OG la hauteur de chacun d'eux. Supposons donc que la base commune

IH=15, et que la hauteur soit 10; nous aurons pour surface de IKH 15×5=75; également pour la surface de IGH 15×5=75. Réunissant ces deux produits, nous aurons 75+75 mètres carrés =150 mètres carrés pour la surface du losange IKHG, qui est la surface demandée.

50—Surface de toutes les formes de Quadrilatères.

On peut toujours trouver la surface d'une figure de quatre côtés ou d'un quadrilatère quelconque, quelque irrégulier qu'il puisse être, en le divisant en deux triangles; une fois divisé, il ne s'agit plus que de chercher la surface de chacun des deux triangles composant le quadrilatère. Additionnant les deux sommes, on aura toujours sa surface, car les deux parties composant un tout, une fois réunies, représentent ce tout ou sa valeur.

51—Du Trapèze ; sa surface.

Le trapèze est une figure dont deux côtés seulement sont parallèles et dont tous les côtés sont inégaux.

La figure 18 ABCD est un trapèze dont le côté AB est parallèle au côté DC, ayant ses quatre côtés inégaux. GK étant perpendiculaire sur les deux côtés parallèles AB et DC est la hauteur du trapèze.

Pour obtenir la surface du trapèze, il faut multiplier la demi-somme des bases parallèles par la hauteur.

Ainsi nous dirons : Surface du trapèze ABCD $= \frac{1}{2}AB + \frac{1}{2}DC \times KG$ la hauteur. Supposons maintenant que le plus petit côté parallèle AB ait 30 mètres de longueur, que le plus grand DC en ait 40, et que la hauteur KG soit de 10 mètres; nous aurons la surface du trapèze ABCD$=\frac{1}{2}30+\frac{1}{2}40\times 10$, ou bien $35\times 10=350^{m}$, surface du trapèze demandée.

52—Des Polygones ; leur surface.

En géométrie on appelle *polygone* toute figure ayant plus de quatre côtés : ainsi les figures ayant cinq, six, sept, huit côtés et plus encore, sont des polygones.

La figure 19, ABCDE, représente un polygone de cinq côtés ou un *pentagone*, celle de six côtés se nomme *hexagone*, celle de sept, *eptagone*, celle de huit, *octogone*, de neuf, *nonagone*, de dix, *décagone*, etc.

Pour obtenir la surface d'un polygone on le divise en autant de triangles, moins deux, que le polygone a de côtés. Le polygone de 5 côtés sera donc divisé en 3 triangles, celui de 6 en 4, celui de 7 en 5, celui de 8 en 6. Les divisions se feront par des diagonales, allant de l'un des sommets, ou des angles, aux autres sommets ou autres angles, moins deux de ses angles ou sommets, comme dans la figure 19, ABCDE; en effet, le polygone ABCDE est représenté par les triangles ABC+CAD+DAE.

Pour trouver la surface du polygone, il faudra chercher la surface de chacun des triangles ABC, CAD et DAE, en particulier, et faire la somme de ces trois produits partiels : le total sera la surface du polygone, parce que, comme nous l'avons déjà dit, toutes les parties d'un tout réuni équivalent à ce tout.

Les calculs en chiffres feront encore mieux comprendre comment on évalue la surface d'un polygone égale à celle du nombre de triangles dont est composé le polygone. Donnant une valeur en chiffres aux bases et hauteurs des différents triangles qui composent le polygone ABCDE (*fig.* 19), si la base de ABC, AC=30 mètres, si la hauteur BN=10, que dans le triangle CAD la base =35 et la hauteur 14, que dans le triangle AED la base AD=35 et la hauteur 8, nous aurons : surface de ABC=30×½10, ou par 5=150; surface de CAD=35×½14, ou par 7=245; enfin surface de ADE=35×½8, ou par4= 140: donc la surface ABCDE=535 mètres carrés, si l'on a pris le mètre pour unité de mesure.

Observation.

Pour exécuter bien les travaux d'arpentage dont nous allons bientôt nous occuper, il est extrêmement important de fixer son attention sur le calcul de la surface des triangles, des polygones et des trapèzes, attendu que là est la base de l'arpentage.

53—De la circonférence de Cercle ; sa mesure.

On appelle *circonférence de cercle* une figure ronde dont tous les points sont également éloignés d'un autre point qui se trouve au milieu du cercle, point que l'on appelle *centre*; il faut bien remarquer ici que la circonférence du cercle et le cercle ne sont pas la même chose, comme on le voit dans la figure 20, ABCK; la circonférence limite le cerçle, qui comprend, lui, toute la surface intérieure comprise entre la circonférence.

La ligne droite qui passe par le centre du cercle, touchant la circonférence à deux de ses extrémités, A et B, s'appelle *diamètre*, la moitié de ce diamètre ou la ligne OC partant du centre pour aboutir à la circonférence s'appelle *rayon*. Ainsi donc ACBK (*fig.* 20) est la circonférence ; tout ce qui est compris dans cette circonférence est le cercle, dont le point O est le centre, la diagonale AB est le diamètre, OC est le rayon; mais comme OA et OB sont chacun égaux au rayon OC, le diamètre est égal à deux rayons.

La mesure de la circonférence du cercle est un peu plus de trois fois celle de la longueur du diamètre de ce même cercle. En multipliant la longueur du diamètre par 22, et divisant le produit par 7, le quotient sera la mesure de la circonférence aussi exacte que possible. $\frac{12\times22}{7}=37,714.$

Pour savoir quel est le diamètre d'un cercle dont on connaît la circonférence, on prend le tiers de cette circonférence, ou, pour être plus exact, on multiplie la circonférence par 7, et on divise ce produit par 22. $\frac{37,714\times7}{22}=12,008.$ Avec ce calcul simple, il sera toujours facile au praticien de trouver la circonférence d'une large ouverture ronde dont-il connaîtra le diamètre. Également, lorsqu'il voudra connaître le diamètre d'un gros arbre ou d'un cylindre quelconque, cela lui sera toujours facile en ceignant l'arbre ou le cylindre d'une corde tendue qui se joigne par les deux bouts.

Observation.

On nomme *arc de cercle* une portion de la circonférence : CB (*fig.* 20) est un arc de cercle. La superficie ou surface comprise entre la circonférence du cercle est égale au produit de la circonférence par la moitié du rayon,

54—De la surface du Cercle.

Soit la circonférence ABCK (*fig.* 20) que l'on veut mesurer pour trouver la superficie comprise entre la circonférence. La circonférence étant égale à trois diamètres de la même circonférence, pour obtenir le produit de cette circonférence on multipliera le diamètre par 3 : ainsi donc 12 étant la longueur du diamètre, nous aurons $12 \times 3 = 36$, produit de la circonférence.

Pour obtenir la surface du cercle, le rayon valant 6, nous multiplierons alors le produit de la circonférence ou 36 par la moitié du rayon ou par 3, et nous aurons : surface du cercle ACBK, dont le centre est $O = 36 \times 3 = 108$ mètres carrés, si le mètre a été pris pour unité de mesure.

55—Observation générale.

Les éléments de géométrie dont nous venons de nous occuper, et dont nous avons déjà laissé entrevoir l'application dans la pratique, sont d'une nécessité absolue pour mesurer la surface ou superficie de toutes les figures représentant les différentes parcelles de terrain, tout comme la surface d'une infinité d'objets nécessaires dans les pratiques agricoles et domestiques.

56—De l'application de la Géométrie.

Avant de nous occuper de l'arpentage ou des mesures des

surfaces, nous devons prendre une légère connaissance de la mesure des cubes ou solides, souvent représentés dans les travaux agricoles par des excavations de différentes formes, des fossés, des trous d'arbres, des puits, des glacières, enfin des excavations de tout genre, dont on est obligé de connaître la capacité, les déblais et remblais; et de la mesure des solides pleins, tels que meules de foin, gerbes de paille, bois en pièces, en stères, les vases remplis de liquide, ou devant en recevoir, etc.

57—Des Solides.

Voyons d'abord ce que l'on appelle *solides*, et comment on les mesure.

On appelle *solide* toute chose ayant trois dimensions, longueur, largeur et épaisseur. Comme nous l'avons déjà vu, le mètre cube est un solide. Pour former le mètre cube, on multiplie d'abord le mètre par lui-même : on obtient le *mètre carré* ou le mètre en surfaces carrées. On élève cette surface au cube en la multipliant une seconde fois par la longueur du mètre, qui est la hauteur du cube : c'est ainsi que l'on obtient le *mètre cube*, ayant la forme d'un dé à jouer de grosse dimension, d'un mètre dans tous les sens.

Le mètre cube avec ses divisions est l'unité de mesure de tous les solides possibles.

Le mètre cube se divise en dixièmes, centièmes, millièmes, etc., de mètres cubes.

Lorsque l'on veut mesurer un solide quelconque, on cherche combien de fois le mètre cube et ses fractions sont contenus dans ce solide; mais, avant de mesurer les cubes, nous allons voir comment ils se forment avec des chiffres.

58—Formation des Cubes par les Chiffres.

Pour former le cube de 10, on multiplie $10 \times 10 = 100$, ce qui donne la surface ou une des faces du cube; multipliant cette surface encore par 10, nous aurons $100 \times 10 = 1000$, qui est le cube de 10 ; et si nous avons pris le mètre cube pour unité de mesure, nous aurons un cube ou un solide de 1000 mètres cubes. Divisant actuellement ce solide de 1000 mètres cubes en dix tranches d'un mètre d'épaisseur, nous aurons dix tranches, ayant 10 mètres de côté, 1 mètre de haut ou 100 mètres cubes; or, dix tranches de 100 mètres cubes chacune superposées donneront ensemble un solide de 1000 mètres cubes.

59—Mesure des Cubes.

Le mètre cube est absolument formé de la même manière; seulement ses unités solides divisées sont des décimètres, des centimètres et des millimètres cubes; chacun de ces millimètres peut encore être divisé en dixièmes, centièmes, milliémes, etc. Donc, pour mesurer la capacité d'un cube parfait quelconque, il faudra multiplier la surface d'une de ses faces par la hauteur du cube; la surface égalant 100 mètres carrés, la hauteur 10 mètres, la capacité du cube est $100 \times 10 = 1000$ mètres cubes (*fig.* 20 *bis*).

60—Mesure d'un Fossé.

Si, au lieu d'un cube parfait, on avait à mesurer l'excavation d'un fossé, d'un épaulement, ayant la forme d'un cube trapèze ou dont la coupe représenterait un trapèze, on mesurerait la largeur du fossé à son ouverture et le fond de ce même fossé, représentant les deux bases parallèles dans le trapèze; prenant la demi-somme de ces deux largeurs parallèles, multipliant cette demi-somme par la profondeur du fossé qui est la hauteur du trapèze, le produit serait la surface d'une coupe prise sur ce fossé ou épaulement. Maintenant, pour obtenir le développement ou la capacité en mètres cubes du fossé ou épaulement, il ne s'agit plus que de multiplier la surface de la coupe par la longueur du fossé ou de l'épaulement (*fig.* 21).

Passant à la pratique, nous supposerons que le fossé ou épaulement dont il s'agit ait 10 mètres d'ouverture et 8 mètres de fond, sa profondeur 3 mètres; nous dirons : $\frac{1}{2}\,10 + \frac{1}{2}\,8 = \frac{1}{2}\,18 = 9$.

3 mètres étant la profondeur du fossé, nous aurons $9 \times 3 = 27$. — 27 mètres carrés sont donc la surface d'une coupe prise sur la largeur du fossé. En supposant que la longueur du fossé soit de 100 mètres, nous multiplierons la surface de la coupe par 100 pour obtenir la capacité ou le développement en mètres cubes de la totalité du fossé : nous aurons $27 \times 100 = 2700$ mètres cubes, pour la capacité totale du fossé ou de l'épaulement.

Si, au lieu de faire l'opération comme nous venons de le démontrer, nous avions pris la surface de l'ouverture totale du fossé et celle du fond du fossé, ou bien s'il s'agissait d'un épaulement de sa base et de son côté supérieur, supposant que l'ouverture du fossé ou la base de l'épaulement soit de 1000 mètres carrés, et celle du fond du fossé ou du haut de l'épaulement soit de 800 mètres carrés, nous aurions un total de 1800 mètres carrés, dont la moitié est de 900 mètres. Multipliant 900 par 3 mètres, la profondeur du fossé ou la hauteur de l'épaulement, nous aurons, comme ci-dessus, $900 \times 3 = 2700$ mètres cubes, pour la mesure du fossé ou de l'épaulement.

61 — Mesure des Cylindres.

Si nous avions à mesurer en mètres cubes l'excavation d'un puits, d'un trou d'arbre, ou de toute autre excavation ayant la forme d'un cylindre, c'est-à-dire ayant la forme ronde et le même diamètre sur toute la profondeur, comme dans la figure 21 *bis*, nous prendrions la surface du cercle que forme l'ouverture du cylindre, puits ou trou rond, et nous multiplierions cette surface par la profondeur du puits, la hauteur du trou, la hauteur du cylindre que représente l'excavation.

Supposons maintenant que l'ouverture du puits ou du trou soit de 3 mètres de diamètre; la circonférence sera de 9 mètres, la moitié du rayon de 75 centimètres. Pour avoir la surface du cercle servant d'ouverture au puits, nous multiplierons 9, la circonférence, par 75 centimètres, moitié du rayon: nous aurons 9 mètres $\times$ 75 centimètres = 6 mètres 75 centimètres carrés, pour la surface du haut du puits ou du trou; si la profondeur du trou d'arbre est de 80 centimètres, nous aurons 6 mètres 75 $\times$ 80 centimètres = 5 mètres 40 centimètres cubes, qui est la mesure de l'excavation du trou.

Si le puits a 20 mètres de profondeur, nous multiplierons la surface de son ouverture, 6 mètres 75, par 20 mètres, profondeur du puits: nous aurons 6 mètres 75 $\times$ 20 = 135 mètres cubes, pour la mesure de l'excavation du puits.

La solidité d'un cylindre quelconque est donc égale au produit de la surface de sa base par sa hauteur (*fig.* 21 *bis*).

Surface de l'ouverture du cylindre, 6 mètres 75; hauteur, 10 mètres: 6 mètres 75 $\times$ 10 = 67 mètres 50 centimètres cubes.

62—Mesure d'une Excavation ayant la forme d'une cône tronqué.

Ce que nous venons de démontrer pour mesurer l'excavation d'un puits ou celle d'un cylindre quelconque ne saurait s'appliquer aux excavations rondes dont le fond serait plus étroit que l'ouverture, ayant la forme d'un pain de sucre renversé, dont on aurait coupé la tête ou la partie supérieure (*fig.* 22), et que l'on nomme en géométrie *cône tronqué.*

Dans ce cas, il faudra prendre la surface de l'ouverture et celle du fond de l'excavation, additionner ces deux surfaces, prendre la moitié de la somme totale que l'on multipliera par la hauteur ou profondeur de l'excavation, ligne perpendiculaire sur les deux faces du haut et du bas de l'excavation. Le résultat de cette opération donnera la mesure de l'excavation en forme de cône tronqué.

Si nous voulons opérer avec des chiffres, pour rendre l'opération plus facile à saisir nous supposons (*fig.* 22) que la surface de l'ouverture supérieure est de 12 mètres carrés, la surface du fond de 8 mètres carrés : nous aurons $\frac{1}{2}$ 12 + $\frac{1}{2}$ 8 = $\frac{1}{2}$ 20 = 10. Or, si nous supposons maintenant que 10 soit la hauteur ou la profondeur de l'excavation, nous aurons

$10 \times 10 = 100$ mètres cubes, pour la mesure de l'excavation d'un trou en forme de cône tronqué (*fig.* 22).

63—Mesure du Cône.

Si l'excavation avait la forme d'un pain de sucre ou d'un cône, comme la *fig.* 23, pour en mesurer la solidité ou la capacité il faudrait multiplier la surface de l'ouverture ou de la base du cône par le tiers de la hauteur du pain de sucre ou du cône, ou, ce qui revient au même, par le tiers de la profondeur de l'excavation.

Si nous faisons l'opération avec des chiffres, et que nous supposions que la surface de l'ouverture de l'excavation ou la surface de la base du cône soit de 10 mètres carrés, et que la hauteur ou profondeur soit de 15 mètres, nous aurons $10 \times \frac{1}{3}$ de 15 ou par $5 = 50$, ou $10 \times 5 = 50$ mètres cubes, représentant la mesure, la capacité de l'excavation de la *fig.* 23.

En géométrie, la solidité d'un cône est égale à la surface de sa base par le tiers de sa hauteur : c'est d'après ce principe que nous avons résolu le problème ci-dessus.

64—Mesure d'un Tonneau.

Souvent, à la campagne, on a besoin de mesurer la capacité d'un vase quelconque, d'une cuve, d'un tonneau : lorsque le vase a la forme cylindrique, rien n'est plus facile que de le mesurer comme nous l'avons indiqué pour la mesure des cylindres; mais lorsqu'il a la forme d'un tonneau ou d'une futaille, trop grands pour qu'on en trouve la capacité avec les mesures ordinaires, il faut alors la chercher par des calculs : rien ne serait plus facile si le tonneau, comme nous venons de le dire, avait la forme cylindrique ; mais comme le ventre ou le centre du tonneau est ordinairement plus large que les fonds, la surface du cercle ou du fond qui passerait par le centre ou le ventre du tonneau est également plus grande que celle des fonds ordinaires. C'est cette surface centrale qu'il s'agit de trouver, pour rendre les calculs faciles.

Pour cela, on introduit par la bonde du tonneau une baguette bien droite verticalement, de manière à ce qu'elle forme le diamètre d'une circonférence passant par le centre du tonneau : avec le diamètre on peut avoir la circonférence du cercle ; et avec la circonférence du cercle et le diamètre on peut avoir la surface du cercle passant par le centre du tonneau.

Supposons donc (*fig.* 24) qu'un diamètre pris par la bonde soit de 1 mètre 24 centimètres ; prenant trois fois ce diamètre, nous aurons 3 mètres 72 centimètres, représentant la circonférence du cercle. Multipliant cette circonférence par la moitié du rayon, par 0,31 , nous aurons la surface du cercle passant par ce tonneau. Pour cela, nous dirons : 3 mètres 72 centimètres $\times$ 0,31 centimètres $=$ 1 mètre 1532 ; 1 mètre 1532 dix millimètres est la surface du cercle passant par le centre du tonneau.

Maintenant, supposons que la surface des fonds ordinaires du tonneau soit de 1 mètre ; additionnant la surface de l'un de ses fonds avec la surface du cercle passant par le centre du tonneau , nous aurons 2 mètres 1532 dix millimètres carrés, dont la moitié est 1 mètre 766 millimètres carrés, ou le terme moyen entre les deux surfaces. Multipliant maintenant cette surface moyenne par la longueur intérieure du tonneau, qui est de 1 mètre 70 centimètres, nous aurons 1 mètre 766 $\times$ 1 mètre 70 $=$ 3 mètres 00220 (3 mètres 220 cent millimètres). 3 mètres 220 cent millimètres cubes représentent la capacité ou la mesure intérieure du tonneau. Or, comme le mètre cube contient 10 hectolitres de liquide, le tonneau sera donc de la teneur de 30 hectolitres et quelque chose.

63—Du Prisme.

Le prisme est un solide compris sous plusieurs plans parallélogrammes , terminé de part et d'autre par deux plans polygones égaux et parallèles.

La solidité du parallélipipède et en général la solidité d'un prisme quelconque est égale au produit ou à la surface de sa base par sa hauteur.

En supposant que la surface de la base du prisme A (*fig* 25) soit de 8 mètres carrés et que sa hauteur soit de 10 mètres de longueur, nous aurons : solidité du prisme A égale surface de la base, ou bien $=8\times$ la hauteur du prisme qui est égal à 10, produit 80 ; ou solidité de $A=8\times10=80$. 80 mètres cubes sont donc la mesure exprimant la solidité du prisme A. Nous avons agi de la même manière lorsque nous avons cherché la solidité du cube parfait ; et ce sera toujours de la même manière que l'on trouvera la solidité d'un corps solide quelconque terminé par deux plans polygones égaux et parallèles.

66—Figure 26 B.

Il pourrait arriver que le solide ou l'excavation à mesurer présentât la forme d'une pyramide ou bien d'une pyramide tronquée ; dans le premier cas, c'est-à-dire dans celui où l'excavation aurait la forme pyramidale, on multiplierait la surface de la base de la pyramide ou la surface de l'ouverture de l'excavation par le tiers de la hauteur de la pyramide ou le tiers de la profondeur de l'excavation. La hauteur d'une pyramide est la ligne perpendiculaire abaissée de son sommet sur la surface de sa base. On peut encore multiplier le tiers de la surface de la base par la hauteur de la pyramide, pour en obtenir la solidité.

Dans le deuxième cas, c'est-à-dire dans celui où la pyramide serait tronquée (*fig.* 27 C), on multiplierait la demi-surface des deux bases parallèles inférieure et supérieure par la ligne perpendiculaire abaissée de l'une des surfaces parallèles sur l'autre. C'est en opérant ainsi dans les deux cas que l'on obtiendrait la mesure du solide ayant la forme pyramidale ou d'une pyramide tronquée.

DE

L'ARPENTAGE.

67 — Explications.

L'arpentage a pour but la mesure de la contenance ou de l'étendue des propriétés territoriales et le levé des plans.

Mesurer l'étendue ou la surface, c'est chercher combien de fois cette étendue contient une mesure carrée, telle que le mètre et ses divisions carrées. Il faut ici faire la différence qui existe entre les mesures de longueur ou linéaires ne présentant qu'une seule dimension, la longueur, et les mesures de superficie qui ont longueur et largeur. Le mètre carré a un mètre de longueur et un mètre de largeur; il contient 10000 centimètres carrés ou 100 centimètres $\times$ 100 centimètres $=$ 10000 centimètres carrés, ou 1 mètre carré.

68—De l'Are.

On appelle *are* l'étendue de terrain ou le carré qui a 10 mètres de côtés ou 100 mètres carrés de superficie.

$10^m \times 10^m$ longueur $= 100^m$ carrés, ou un are.

69—Des opérations de l'Arpentage.

Les opérations de l'arpentage sur le terrain sont simples; elles se réduisent à tracer des lignes droites, à élever des perpendiculaires pour subdiviser le terrain en triangles ou en quadrilatères. Pour cela, les instruments sont peu nombreux et simples.

Pour mesurer la ligne ou toute distance rectiligne sur le terrain, on emploie la chaîne avec ses fiches.

Pour tracer des lignes droites, élever des perpendiculaires, on se sert de jalons, de piquets et de l'équerre d'arpenteur.

La chaîne d'arpentage est un instrument en fil de fer qui a 10 mètres de longueur : cette chaîne est divisée par des anneaux en cuivre en dix parties d'un mètre chacune de longueur ; chaque mètre est divisé en cinq parties égales, chacune de 2 décimètres ou 20 centimètres de longueur.

Les fiches sont des piquets en fil de fer de 50 centimètres de hauteur ; elles sont armées d'un anneau où le doigt peut passer à l'aise. Ces fiches doivent être au nombre de 10. Ce nombre annonce à l'arpenteur qu'il a parcouru dix fois la longueur de la chaîne, c'est-à-dire 100 mètres.

Si la ligne que l'on veut mesurer n'est pas tracée soit par un chemin ou par les limites d'une autre propriété, il faut la tracer au moyen de jalons. On procédera pour cela comme nous allons l'indiquer.

70—Du Mesurage à la chaîne.

Le mesurage à la chaîne exige deux personnes : la personne qui est devant prend l'extrémité de la chaîne par l'anneau qui y est attaché, qu'elle tient de la main droite; elle tient en même temps les dix fiches de la main gauche. L'arpenteur tient l'autre extrémité de la chaîne, qu'il appuie contre la limite ; lorsque la chaîne est bien tendue, la personne qui est devant plante une fiche où finit l'extrémité de la chaîne. Dès que la fiche est posée, l'arpenteur et son aide se mettent en marche, suivant toujours la direction de la ligne à mesurer, jusqu'à ce que l'arpenteur rencontre la première fiche plantée par son aide ; alors ils s'arrêtent tous les deux : l'aide tend la chaîne et plante une seconde fiche. L'arpenteur prend la première placée, qu'il garde dans la main gauche. Ils continuent de marcher et d'opérer de la même manière jusqu'à ce que l'arpenteur tienne dans la main la dixième fiche, à la place de laquelle il place un piquet en bois. Cela fait, il rend les dix fiches à l'aide et marque sur son papier les 100 mètres parcourus.

Les deux arpenteurs se remettent en marche pour continuer d'opérer comme il vient d'être fait, suivant toujours la même direction, jusqu'à ce que la distance à parcourir soit entièrement mesurée.

Lorsque le terrain n'est pas de niveau ou horizontal, il faut autant que possible tenir la chaîne de niveau dans une position horizontale.

Les jalons sont des piquets en bois fendus par le haut pour recevoir une carte ou un morceau de papier blanc; ils servent à marquer les limites des propriétés et à tracer des lignes sur le terrain.

Lorsque les lignes ont peu de longueur, il suffit de planter un jalon à chaque extrémité de la ligne et un au milieu; si la ligne s'étend fort au loin, les jalons doivent être plantés à cinquante mètres de distance les uns des autres.

71—De l'Équerre d'arpenteur; manière de s'en servir.

L'équerre d'arpenteur est extrêmement utile pour l'arpentage: c'est avec cet instrument que l'on trace les lignes droites sur le terrain et que l'on élève des perpendiculaires sur ces lignes, afin de diviser le terrain en triangles ou en quadrilatères, figures absolument nécessaires pour mesurer la superficie du sol. Cet instrument est une espèce de cylindre creux en cuivre à pans coupés, d'un diamètre plus ou moins fort, de six à douze centimètres, dans lequel sont pratiquées quatre fentes étroites disposées en croix et placées deux par deux, en face l'une de l'autre.

Lorsqu'on regarde à travers une de ces fentes, on voit par la fente opposée une ligne droite, dans la direction de laquelle on fait planter les jalons nécessaires. En regardant par l'une des fentes qui croisent les deux premières, on voit une ligne perpendiculaire à celle-ci, sur laquelle on fait également planter des jalons. C'est ainsi que les arpenteurs tirent des lignes droites et élèvent des perpendiculaires sur le terrain.

72—Jalonnage à vue.

Il est facile de jalonner avec l'équerre ; mais lorsque l'on veut jalonner à la vue, on place d'abord deux jalons sur la ligne que l'on veut jalonner, et un troisième entre les deux. L'arpenteur se tient à l'une des extrémités, pour placer les trois jalons parfaitement dans la même direction.

73—Élévation d'une Perpendiculaire sur le terrain.

Pour élever une perpendiculaire sur une ligne droite placée sur le terrain, on place l'équerre à l'endroit où l'on veut élever la perpendiculaire, ayant l'attention que l'une des fentes de l'équerre soit dans l'alignement de la ligne droite sur laquelle on veut élever la perpendiculaire, de manière qu'en visant alternativement par les fentes opposées du même diamètre l'on aperçoive chaque extrémité de la ligne droite. Visant alors par les fentes de la perpendiculaire qui traverse la première, on élève dans cette direction une perpendiculaire.

74—Coup-d'œil général à donner sur l'ensemble du Terrain.

Lorsque, munis de tous les instruments nécessaires, on veut arpenter un terrain, on commence par jeter un coup-d'œil général sur l'ensemble de la propriété, pour connaître quelle en est à peu près la figure. Cela fait, on place des jalons aux bornes, aux angles du terrain ; ensuite on fait au crayon un croquis sur le papier, représentant à peu près la figure du sol que l'on veut arpenter, et cela sans avoir égard à l'étendue. Sur la vue du croquis, on décide quelles seront les figures géométriques dont on se servira pour mesurer avec le plus de facilité possible.

75—Manière de tracer les différentes Lignes.

Les lignes qui entourent ou circonscrivent le terrain à arpenter doivent être tracées avec un trait plein, pendant que toutes celles tracées intérieurement doivent être marquées par des lignes ponctuées.

76—Mesures des Lignes ; inscription de leur longueur.

Aussitôt que l'arpenteur aura mesuré , sur le terrain une ligne avec la chaîne , il écrira la longueur en mètres sur la ligne qui représente cette même ligne sur le croquis. Il écrira de même la longueur des perpendiculaires et de toutes les lignes qu'il aura à mesurer pour trouver la surface des différentes figures géométriques dont il aura besoin de se servir pour connaître la superficie totale du terrain.

77—Mesure du Triangle rectangle.

Enfin on procédera comme il suit : Si la figure à arpenter a la forme d'un triangle, celle par exemple ABC (*fig.* 1) :

Avec l'équerre d'arpenteur, placée à l'angle A, d'abord dans la direction de AB, on voit par la fente des perpendiculaires si AC est perpendiculaire sur AB. AC étant perpendiculaire sur AB, c'est un triangle rectangle que l'on a à mesurer. Après avoir placé des jalons à l'aide de l'équerre sur AB et AC, on mesure ces deux côtés du triangle.

Supposons que l'on trouve le côté AB par hypothèse égal à 100 mètres de longueur, et le côté AC, hauteur du triangle rectangle, égal à 50 mètres ; nous aurons 100 mètres multipliés par $\frac{1}{2}$ de 50, ou bien $100 \times 25 = 2500$ mètres carrés représentant la surface ou la superficie du triangle ABC.

78—Mesure du Triangle obtusangle.

Si, au lieu d'être rectangle, le triangle était obtusangle comme le triangle MNO (*fig.* 2), on placerait au point M l'équerre, et l'on planterait des jalons sur la ligne ou côté MN que l'on mesurerait comme devant servir de base au triangle MNO; ensuite du point convenable sur la ligne MN la base en H, on élèverait une perpendiculaire vers l'angle ou le sommet du triangle en O, et cela à l'aide de l'équerre d'arpenteur. On mesurerait la perpendiculaire HO, qui est la hauteur du triangle. En supposant que MN=100 et HO=40, pour obtenir la surface du triangle MNO en mètres carrés nous multiplierons 100, la base du triangle, par la moitié de sa hauteur, $\frac{1}{2}$ 40, c'est-à-dire par 20, et nous aurons $100 \times 20 = 2000$: le triangle MNO a donc 2000 mètres de surface ou de superficie. On mesure de la même manière la surface de toute espèce de triangle, parce que dans tous les triangles autres que le rectangle et l'obtusangle on peut prendre la base à volonté : et la perpendiculaire élevée sur cette base, vers le sommet qui lui est opposé, est la hauteur du triangle.

Observation.

Lorsqu'on a la base et la hauteur d'un triangle, on peut toujours en évaluer la surface carrée, puisque l'on sait que pour obtenir la surface d'un triangle quelconque il faut multiplier sa base par la moitié de sa hauteur, ou bien la hauteur par la moitié de sa base.

79—Surface des Quadrilatères.

Si la propriété, au lieu d'avoir la forme triangulaire, représentait un quadrilatère quelconque, il faudrait partager ce quadrilatère en deux triangles par une diagonale allant d'un angle à l'autre, et prendre la surface de chacun des deux triangles représentant le quadrilatère, additionner ensuite les deux produits partiels : le total sera la surface du quadrilatère irrégulier.

Soit le quadrilatère suivant ABCD (*fig.* 3) à mesurer.

On partage ABCD en deux triangles ABD et BDC, et l'on aura : surface ABCD=surface ABD+surface BDC, parce que les deux parties qui composent un tout réuni doivent nécessairement égaler ce tout.

Prenons donc DB pour base commune des deux triangles dont la somme compose le quadrilatère, et supposons qu'elle ait 100 mètres de longueur; nous élèverons des perpendiculaires, des points convenables pris sur cette base, vers les sommets A et C des deux triangles; nous aurons les hauteurs de chacun des deux CQ et AO; CQ=32 mètres et AO=30 mètres; nous dirons donc: surface de ABCD=$100 \times \frac{1}{2} 32 + 100 \times \frac{1}{2} 30$, c'est-à-dire $100 \times 16 + 100 \times 15$; faisant les calculs, nous aurons : surface ABCD=surface ABD ou 1500+ surface BDC ou 1600=3100 mètres carrés, c'est-à-dire que la surface du quadrilatère irrégulier est égale à 3100 mètres carrés.

80—Mesure du Rectangle et du Parallélogramme.

Si le terrain, au lieu de présenter un quadrilatère irrégulier, représentait un rectangle ou un parallélogramme (*fig.* 4), pour en avoir la surface il ne s'agirait que de multiplier un des grands côtés parallèles par l'un des petits également parallèles. Ainsi pour avoir la surface de MNPO (*fig.* 4) représentant un rectangle, on mesurera avec la chaine le côté OP et le côté MO, en partant de l'angle O. Supposons ici que OP=100 et OM=20, nous multiplierons 100 par 20, et nous aurons : surface du rectangle MNOP=100×20=2000 mètres carrés, surface du rectangle demandé.

Si au lieu d'un rectangle le terrain présentait un parallélogramme quelconque, on procéderait pour en évaluer la surface comme pour le quadrilatère irrégulier, le divisant en deux triangles dont les hauteurs entre deux parallèles se trouvent égales (*fig.* 3).

Soit le parallélogramme GKLH dont il s'agit de prendre la surface; nous disons : surface de GKLH = surface de HGK+surface de HKL. Surface de HGK=$100 \times \frac{1}{2} 30$=1500 ; surface de HKL = $100 \times \frac{1}{2} 30$ = 1500 : donc surface de GKLH=1500+1500=3000 mètres.

81—Surface des Polygones.

Si le terrain, au lieu d'une figure triangulaire ou quadrangulaire, représente une figure irrégulière de plusieurs côtés, un polygone de sept côtés, par exemple, comme la figure 5, ou toute autre pouvant avoir un plus ou moins grand nombre de côtés :

Le premier travail à faire pour arpenter la figure 5 ABCDEFG, c'est de reconnaître la figure sur le terrain. Cela fait, on plante des jalons, des piquets aux angles, que les angles soient saillants ou rentrants. Ainsi dans une propriété ayant la forme de la figure 5, on placera des jalons en A, en B, en C, en D, en E, en F et en G; ensuite on tracera sur le croquis et sur le terrain la figure des sommets et des angles A et D opposés, on mènera une diagonale AD, que l'on jalonnera et que l'on mesurera. On tracera la même ligne au croquis et, dessus, on inscrira la longueur de la ligne tracée sur le terrain.

Supposons que cette longueur soit de 120 mètres; sur cette diagonale au moyen de l'équerre d'arpenteur on élèvera des perpendiculaires allant aboutir aux différents sommets ou angles du polygone représentant la propriété à mesurer, de manière à ce qu'elle se trouve divisée en triangles et trapèzes. La figure ABCDEFG se trouvant divisée en triangles et trapèzes, rien n'est plus facile que d'en prendre la surface, bien entendu qu'à mesure qu'on élève les perpendiculaires on doit en mesurer la longueur, qu'il faut porter au croquis; on doit également mesurer les portions de la diagonale qui doivent servir de hauteur et de base à chaque triangle et trapèze, et porter ses mesures au croquis. Cela fait, il suffit, pour trouver la surface de la figure ABCDEFG, d'évaluer la surface de chaque triangle et trapèze, dont l'ensemble compose le polygone, et de faire la somme de tous les résultats partiels: le total sera la surface du terrain ou de la propriété à mesurer.

Observations.

Nous avons vu en géométrie comment on évaluait la surface d'un triangle, d'un quadrilatère et d'un trapèze. Nous avons vu que pour obtenir la surface d'un triangle il faut multiplier sa base par la moitié de sa hauteur, que pour trouver la surface d'un quadrilatère irrégulier il faut le partager en deux triangles par une diagonale allant d'un angle à celui qui lui est diagonalement opposé, ensuite prendre la surface de chacun des deux triangles et en faire la somme, ce qui donne la surface du quadrilatère. Nous avons vu encore que la surface d'un rectangle se trouve en multipliant l'un des grands côtés parallèles de la figure par l'un de ses petits côtés également parallèles; enfin que, pour trouver la surface d'un trapèze, il faut multiplier la demi-somme des deux côtés parallèles par la hauteur de ce trapèze, c'est-à-dire la perpendiculaire élevée entre les deux côtés parallèles. A l'aide de ces données, connaissant toutes les longueurs nécessaires pour évaluer les différentes figures qui composent l'ensemble du terrain, il sera toujours facile d'évaluer la superficie de chacune des figures prises en particulier et de faire la somme de toutes ces superficies partielles, dont le total est la superficie générale de la propriété.

82—Calcul en chiffres pour trouver la Surface.

ABCDEFG$=$ABI$+$IBCK$+$KCD$+$LDE$+$LEFJ$+$JFGH$+$HGA.

ABCDEFG$=$ABI ou $24 \times \frac{1}{2} 12 +$ IBCK ou $56 \times \frac{1}{2} 42 + \frac{1}{2} 34$ $+$ KCD ou $40 \times \frac{1}{2} 34 +$ LDE ou $14 \times \frac{1}{2} 40 +$ LEFJ ou $46 \times \frac{1}{2} 40 + \frac{1}{2} 60 +$ JFGH ou $48 \times \frac{1}{2} 44 + \frac{1}{2} 60 +$ HGA ou $12 \times \frac{1}{2} 44$.

ABCDEFG$= 24 \times 21 + 56 \times 38 + 40 \times 17 + 14 \times 20 + 46 \times 50 + 48 \times 52 + 12 \times 22$.

Surface de ABCDEFG $=$ donc $504 + 2128 + 680 + 280 + 2300 + 2496 + 264 = 8652$ mètres carrés.

Additionnant maintenant tous ces produits partiels, nous aurons la surface en mètres carrés du polygone ABCDEFG, si le mètre a servi d'unité de mesure.

504 mètres carrés.
2128
680
280
2300
2496
264
———
8652 mètres, surface du polygone ABCDEFG.

Observations.

La forme des terrains à mesurer est souvent bizarre : cependant toutes les fois que les limites sont des lignes droites, il est toujours facile d'en trouver la superficie en divisant la figure en triangles ou trapèzes ; mais la difficulté augmente lorsque les lignes qui limitent le terrain sont des lignes courbes. Dans ce cas, on arrivera à un calcul assez exact en divisant les lignes courbes en parties assez petites pour rendre la courbure peu sensible, et considérant ces lignes courbes comme des lignes droites, en ayant soin toutefois de compenser idéalement les parties que l'on croit être en plus ou en moins dans l'évaluation de la surface : il est donc toujours facile d'approcher assez exactement de la vérité, quelles que soient d'ailleurs la forme du terrain et ses limites, lorsqu'il est possible de le mesurer dans tous les sens.

Il arrive quelquefois que l'on a à trouver la surface d'un terrain dans lequel on ne peut pénétrer, comme un bois, un marais, où il est impossible de mener une ligne droite, d'élever des perpendiculaires ; dans ce cas, on ne peut prendre la surface d'un terrain, d'une parcelle quelconque de terre, qu'en l'enveloppant, aussi près que possible de ses limites, d'une figure régulière, dont on pourra trouver la surface sans avoir aucune opération à faire en pénétrant dans le bois. Ainsi on pourra l'envelopper d'un triangle rectangle, d'un rectangle, d'un carré même, dont on prendra la surface, comme cela a été indiqué en géométrie. Comme, en pareil cas, la figure qui circonscrit ou entoure le terrain à mesurer est toujours un peu plus grande que celle de ce terrain, on soustrait de la surface de la figure employée pour mesurer ce qu'elle contient de plus en surface, pour que la superficie de ce terrain soit parfaitement exacte, ou du moins aussi exacte que possible.

83—Mesure d'un Terrain dans lequel on ne peut pénétrer.

Supposons un bois B (*fig.* 6). Au moyen de l'équerre d'arpenteur et de jalons, nous entourerons le bois d'un rectangle, procédant comme il suit : Avec l'équerre d'arpenteur et des jalons, on trace d'abord la ligne AD, aux extrémités de laquelle, toujours avec l'équerre et des jalons, on élèvera des perpendiculaires en A et en D ; sur les deux perpendiculaires on prendra AE = DF, on joindra par une ligne les deux points E et F, et on aura le rectangle ADFE, dont il est facile de trouver la superficie en multipliant un des grands côtés par l'un des petits. Or, si l'un des grands côtés AB = 1000 mètres, et que l'un des petits côtés = 450 mètres, nous aurons : surface de ADFE = AD × AE = 1000 × 450 = 450000 mètres carrés pour la surface du rectangle.

Supposons maintenant qu'après calcul fait, tout ce que le rectangle ADFE a de plus en surface que le bois B soit de 15000 mètres, il restera pour la mesure exacte en surface du bois 435000 mètres carrés. Or, nous savons que 100 mètres carrés font un are, que 100 ares font un hectare ; divisant 435000 mètres carrés par 10000 mètres carrés, nous trouverons 43 hectares 5 ares, qui seront la mesure en superficie du bois B.

84. — Mesure approximative d'un Terrain sans instrument.

Ce court exposé de l'arpentage avec les instruments suffira toujours au propriétaire pour mesurer l'étendue de son héritage ; mais il arrive souvent que n'ayant pas d'instruments à sa disposition, il veut, ne fût-ce qu'appoximativement, connaître instantanément l'étendue, la superficie de sa propriété. Comment doit-il s'y prendre ? Après avoir reconnu la forme du terrain à mesurer, le praticien en fera le croquis sur un morceau de papier ; ensuite il parcourra d'un pas égal, qu'il rapprochera le plus possible du mètre, les limites qui circonscriront la superficie du sol à mesurer, et notera sur son croquis la longueur en pas de chacun des côtés de la figure que forme le terrain, à l'endroit où cette longueur devra être marquée. Lorsqu'il aura mesuré tous les côtés, il fera son calcul d'après les données géométriques et d'arpentage, pour trouver le nombre de pas carrés que contient en surface sa propriété. On concevra facilement qu'un semblable calcul ne peut être qu'approximatif, mais que, cependant, si le pas est régulier et qu'il approche de très-près la longueur du mètre, ce calcul peut satisfaire dans bien des cas.

85—Moyen de prendre la largeur d'une Rivière.

Il arrive souvent que l'arpenteur est arrêté par un obstacle, une rivière, dont il veut connaître la largeur sans se déplacer de l'une des rives.

Soit AB la distance à mesurer (*fig.* 7). On place en B l'équerre d'arpenteur dans la direction de BA ; ensuite sur cette ligne BA, toujours avec l'équerre d'arpenteur, on élève la perpendiculaire BC, de manière à ce que ces deux lignes forment un angle droit en B. Après avoir jalonné la ligne BC avec une équerre de dessinateur ayant vingt centimètres de base et vingt de hauteur, on marchera en reculant le long de la ligne BC, tenant l'équerre à dessiner dans la main et horizontalement à la hauteur de l'œil la base de l'équerre sur BC, ayant soin de viser par l'angle C de l'équerre à dessiner, jusqu'à ce que de l'angle de l'équerre on aperçoive à la fois A et le point B, dans la direction de CA et CB ; on plante alors un piquet au point C, on mesure la ligne CB, qui est égale à la ligne AB : en conséquence, en retranchant la distance BN de BA, on a la largeur de la rivière NA. C'est ainsi que l'on mesure la distance de deux points dont l'un seulement est accessible.

86—Mesurer la distance inaccessible entre deux points.

Il arrive quelquefois encore que l'arpenteur a besoin de mesurer la distance entre deux points inaccessibles. Soit la distance entre le point A et le point B à mesurer de l'autre côté d'une rivière où l'on ne peut arriver (*fig.* 8).

Sur la rive opposée à la distance à mesurer, tracer à l'aide de l'équerre d'arpenteur une ligne MN parallèle à la ligne AB, et du point M élever une perpendiculaire vers A, en élever de même une de N en B, et nous aurons alors MN = AB, puisqu'elles sont les deux côtés opposés dans un parallélogramme: donc en mesurant MN, nous connaitrons la distance qui existe entre le point A et le point B.

87—Division des Propriétés, des Héritages territoriaux.

Il arrive chaque jour que l'on est obligé de diviser une propriété, un héritage en plusieurs parties égales ou non égales. Le praticien doit donc savoir diviser toute espèce de propriétés ou parcelles de terre, quelle qu'en soit d'ailleurs la forme, ce qui lui sera toujours facile avec un peu d'attention, puisqu'elles représenteront toujours une des figures de géométrie, dont nous venons de démontrer les moyens propres à mesurer la surface.

Le terrain à mesurer peut avoir la forme triangulaire, quadrangulaire, ou d'un polygone. Si la pièce de terre à mesurer a la forme triangulaire, pour la diviser en trois parties égales on partage la base d'un triangle également en trois parties égales; par les points de division on mène des lignes au sommet. Les lignes de division donnent les trois parties demandées, ainsi qu'on le verra à la *fig.* 9, triangle DEF.

88—Division d'un Triangle en trois parties équivalentes.

On peut encore diviser un terrain ayant la forme triangulaire en trois parties égales de la manière suivante : Soit le triangle BAC (*fig.* 10).

Partager la base BC en trois parties égales ; par les points de division O et N mener une ligne NP parallèle au côté AC du triangle et OQ parallèle à BA. Ces deux lignes se rencontreront en I ; de ce point, menant à chaque angle du triangle les lignes IA, IC, IB, ces lignes diviseront le triangle en trois parties égales, AIB, AIC, CIB, parfaitement équivalentes, bien que n'ayant pas absolument la même forme.

89—Partage d'un Terrain de forme triangulaire en quatre parties équivalentes.

On peut également partager une pièce de terre ayant la forme triangulaire en quatre parties parfaitement équivalentes, comme suit : BAC, figure 11me.

On divise le côté BA en deux parties égales en D : de ce point D, on mène une parallèle au côté BC, la parallèle DE; ensuite on divise ces deux lignes parallèles BC et BE chacune en trois parties égales, on joint les points de division de ces deux lignes parrallèles par les droites IK et LM, et par cette opération le triangle se trouve divisé en quatre parties équivalentes ou égales, DAE, BDLM, MLIK et KIEC.

90—Division d'un Rectangle en quatre parties égales.

Lorsque le terrain à diviser a la forme d'un rectangle, que la figure est parfaitement régulière, rien n'est plus facile que de diviser cette figure en deux, trois, quatre parties égales ; il ne s'agit pour arriver à ce résultat que de diviser les deux grands côtés du rectangle en autant de parties égales que l'on désire de parties de divisions : en joignant les points d'intersection par des lignes droites, on aura les divisions demandées.

En effet, soit la figure 12 ABCD à diviser en quatre parties égales en surface ; nous diviserons le côté DC en quatre parties égales par les points Q,N,R ; nous diviserons également la ligne AB en quatre parties par les points P,M,O : joignant ces points d'intersection par des signes, nous aurons les parties ADQP, PQNM, MNRO, ORCB parfaitement égales entre elles.

91—Procédé pour diviser un Quadrilatère irrégulier en deux parties équivalentes.

Lorsque la pièce de terre, au lieu de représenter un quadrilatère régulier, comme le rectangle, le parallélogramme, le carré, représente un quadrilatère irrégulier HIKJ (*fig.* 13), on divise d'abord cette figure en deux parties aussi équivalentes que possible. Pour cela, on partage à la chaîne les côtés

HI et JK du quadrilatère HIKJ, et d'un point à l'autre de division P et Q on jalonne la ligne PQ ; on arpente séparément chacune des deux parties formées par la ligne PQ, on ajoute ces deux contenances, c'est-à-dire le nombre de mètres carrés représentant la surface de ces deux parties, et on prend la moitié de la somme. Cette moitié est la contenance que doit avoir chacune des deux parties pour représenter la moitié parfaite de la pièce de terre à partager.

Si la ligne PQ ne partage pas le terrain en deux parties égales à la contenance trouvée par le calcul, on mesurera la ligne PQ et on divisera le nombre de mètres carrés que contient en plus la partie la plus grande par la longueur de PQ exprimée en mètres : le quotient donnera un nombre qui indiquera de combien de mètres il faudra avancer ou reculer la ligne PQ, pour qu'elle divise la pièce de terre ou le quadrilatère en deux parties parfaitement équivalentes.

Supposons que l'une des deux divisions HIJK contienne 60 mètres carrés de plus que l'autre, et que la ligne PQ ait 30 mètres de longueur ; en divisant ces deux nombres l'un par l'autre, nous aurons 2 au quotient, qui nous indique que la ligne PQ doit être rapprochée de 2 mètres vers la partie qui a donné dans le premier calcul la plus grande contenance : alors les deux parties seront parfaitement équivalentes ou égales.

Si le champ ayant la forme d'un quadrilatère devait être partagé en trois ou quatre parties égales au lieu de deux, on diviserait la pièce de terre en trois ou quatre portions aussi égales que possibles à l'aide de la chaîne et de jalons, par deux lignes au lieu d'une, et on arpenterait séparément chacune de ces trois ou quatre parties; on ferait la somme des trois ou quatre contenances dont on prendrait le tiers et le quart, ce qui serait la contenance de chacune des parties égales. Si dans la division par les lignes, l'une des parties est trop faible de 40 mètres carrés et que la ligne de division ait 20 mètres de longueur, on aura le quotient 2, qui indique de combien il faut avancer ou reculer la ligne pour que les parties soient égales; on procédera de la même manière pour la seconde, pour la troisième : la quatrième sera nécessairement égale aux trois autres. On procédera toujours de la même manière, quel que soit le nombre des parties qui doivent représenter la figure du terrain à diviser.

Lorsque la propriété à diviser a la forme du trapèze, on divise les deux côtés parallèles du trapèze chacun en autant de parties égales que l'on veut faire de portions équivalentes; on tires des lignes droites pour joindre les points de division sur chacune des lignes parallèles, et toutes les parties que forment ces lignes sont équivalentes. En effet, dans le trapèzes ABCD (*fig.* 14), si l'on divise les côtés AB et DC, tous les deux parallèles, en quatre parties égales chacun à chacun, et que l'on mène les lignes ON, QM, GH, le trapèze est divisé en quatre parties équivalentes.

92—Diviser une Propriété en autant de parties qu'on le voudra.

Enfin pour partager une propriété en un aussi grand nombre de parties que l'on voudra, il faudra d'abord arpenter la totalité du terrain, afin d'en connaître exactement la superficie ou la contenance, ou, ce qui revient au même, le nombre de mètres carrés qu'elle contient; on divisera ensuite ce nombre de mètres carrés en plusieurs portions égales, comme deux moitiés, trois tiers, quatre quarts, cinq cinquièmes, six sixièmes, sept septièmes, huit huitièmes, etc., selon le nombre de partageants et l'étendue de terrain que doit recevoir chacun d'eux.

Fixer le nombre de mètres; connaissant la superficie du terrain qui revient à chaque portion, on en cherche et on en trace les limites sur le terrain de la propriété à diviser, donnant autant que possible la figure d'un carré long, d'un rectangle ou d'un trapèze à chacune des divisions, dont on calculera la superficie par les moyens indiqués ci-dessus.

Par, exemple, si l'on veut diviser un champ de trois hectares en trois portions inégales : la première, de la moitié du champ, la deuxième d'un tiers, et la troisième d'un sixième seulement,

On divisera d'abord toute la propriété en sixièmes: la première portion aura $\frac{3}{6}$, la deuxième $\frac{2}{6}$, la troisième $\frac{1}{6}$ seulement; c'est-à-dire que la première aura 1 hectare 50 centiares, la deuxième 1 hectare, et la troisième 50 ares seulement.

93—Convertir un Terrain d'une figure irrégulière en un Rectangle équivalent.

Pour convertir un terrain d'une figure irrégulière en un rectangle qui ait une contenance équivalente, la contenance du terrain étant connue, on mesure la longueur d'un des côtés de ce terrain, devant former un des côtés du rectangle que l'on cherche; on divise ensuite le nombre de mètres carrés que contient la figure irrégulière que l'on veut transformer en rectangle par la longueur du côté que l'on a déjà mesuré sur la figure irrégulière: le quotient sera l'un des petits côtés du rectangle. Ayant l'un des grands et l'un des petits côtés du rectangle, rien n'est plus facile que de le former, puisque dans un rectangle les grands et petits côtés sont égaux deux à deux.

Supposons que dans le rectangle BCDE (*fig.* 15), BC soit le côté de la figure irrégulière ayant une surface de 600 mètres carrés, et que BC ait 30 mètres de longueur. En divisant 600, nombre de mètres carrés de la figure irrégulière, par 30, nombre de mètres en longueur du côté BC pris sur la figure irrégulière, nous aurons $\frac{600}{30}=20$. Le quotient 20 est la longueur du petit côté du rectangle à former.

Ayant la longueur d'un grand et d'un petit côté du rectangle à former, pour le construire nous élèverons, toujours à l'aide de l'équerre d'arpenteur et de jalons, une perpendiculaire à chacune des extrémités du grand côté connu, égales au petit côté connu; joignant les deux extrémités de ces perpendiculaires par une ligne droite, nous aurons le quatrième côté du rectangle demandé.

Ainsi dans la figure BCDE, élevant sur le côté BC les deux perpendiculaires BE et CD, chacune égale à 20 mètres, joignant D et E par une ligne droite, BCDE sera le rectangle demandé équivalent à une figure irrégulière quelconque ayant 600 mètres carrés de surface.

Observation.

Nous ferons observer ici que lorsqu'il s'agit de faire le partage du sol d'un héritage, pour donner à chacun des héritiers la part qui lui revient en bonne justice il ne faut pas toujours diviser le sol en portions égales en étendue de terrain, car il arrive souvent qu'un hectare de terre de bonne qualité en vaut deux ou trois de terre qui serait de qualité moindre : la quantité donnée à chaque copartageant doit donc être subordonnée à la qualité du sol, lorsqu'il s'agit du partage d'un immeuble. Manquer à cette considération serait s'exposer à de graves erreurs, qu'il sera toujours facile d'éviter avec un peu de tact et en consultant les héritiers.

DU

LEVÉ DES PLANS.

94—Son application.

Il ne suffit pas de savoir mesurer une propriété, de savoir en calculer la superficie, de savoir même en faire le partage ; il faut encore savoir faire le plan de tout cela, c'est-à-dire savoir en représenter la figure exacte en petit sur une feuille de papier.

Faire un plan, c'est reproduire sur le papier des figures absolument semblables à celles que l'on a tracées et mesurées sur le terrain. Il faut, sur le papier comme sur le terrain, mesurer des lignes droites, élever des perpendiculaires, réduire leurs dimensions, en un mot faire sur le papier, en petit, ce que l'on a fait en grand sur le terrain.

95—Instruments nécessaires au Levé d'un Plan.

Les instruments dont on a besoin pour le tracé d'un plan croquis sont la règle, dont on se sert pour tracer les lignes droites ; l'équerre de dessinateur, avec laquelle on élève des perpendiculaires ; le compas, qui sert à prendre les mesures des distances et à réduire les proportions; une échelle de proportion prise ordinairement sur les divisions du mètre, et sur laquelle le mètre est représenté par un, deux, trois, quatre millimètres.

96—Mener une Ligne droite sur le papier.

Lorsqu'on veut mener une ligne droite qui passe par deux points donnés A et B (*fig.* 1), on applique la règle entre les deux points, et on fait glisser le crayon ou la plume le long de la règle, pour que la ligne joigne les deux points donnés.

97—Mener une Parallèle à une autre Ligne donnée.

Lorsque l'on veut, d'un point E donné hors d'une ligne, mener une parrallèle à une ligne droite donnée OI (*fig.* 2), du point E donné, avec une ouverture de compas assez grande pour aller perpendiculairement du point E donné à la ligne OI, également donnée, décrire un arc de cercle MHK, qui rencontre la ligne OI en H; du point I, pris sur la ligne donnée, avec la même ouverture de compas dont nous venons de nous servir, décrire un second arc de cercle LPQ dans la direction du point donné et perpendiculairement à la ligne donnée: la ligne qui passera par le point E, point donné, et le point P, point le plus élevé de l'arc de cercle LPQ, sera la parallèle demandée.

98—Élever sur le papier une Perpendiculaire à une Ligne donnée.

D'un point donné K, sur le milieu d'une ligne droite AB, également donnée (*fig.* 3), élever une perpendiculaire.

Soit donc la ligne AB et le point K donnés; du point K donné comme centre, avec une ouverture de compas quelconque, décrire une demi-circonférence ONQ; des points O et Q où la demi circonférence ONQ rencontre la ligne droite AB, avec des ouvertures de compas plus grandes que OK et QK, décrire en dessus de la ligne AB les arcs de cercle NMO, en appuyant le compas en O, et PML, en appuyant en Q. Ces deux arcs de cercle se rencontrent en un point M; joignant ce point d'intersection M au point K donné, par une ligne droite, la ligne MK sera la perpendiculaire demandée.

99—Élever une Perpendiculaire à l'extrémité d'une Ligne donnée.

Si l'on voulait élever la perpendiculaire sur l'extrémité de la ligne AB (*fig.* 4), en A, par exemple, il faudrait prolonger la ligne AB de A en R pour pouvoir élever la perpendiculaire en A, comme nous venons de le faire en K par les mêmes moyens.

100—D'un point pris hors d'une Ligne donnée mener une Perpendiculaire à cette Ligne.

Du point O pris hors d'une ligne droite AB (*fig.* 5), mener une perpendiculaire à cette ligne : Soit le point O hors de la ligne AB.

Du point O comme centre, avec une ouverture de compas dépassant la ligne AB, décrire un arc de cercle NMV assez grand pour couper la ligne AB en deux points quelconques, V et N, et des points V et N comme centre, avec une ouverture de compas plus grande que $\frac{1}{2}$ NV, décrire deux arcs de cercle, en dessous de la ligne VN, au point où ces arcs se rencontrent ou se coupent; du point I, vous menez la ligne IO, qui sera la perpendiculaire demandée.

Observation.

Sur un plan, on élève, on abaisse souvent les perpendiculaires à l'aide de l'équerre de dessinateur, en plaçant la base de l'équerre bien exactement sur la ligne sur laquelle on veut élever la perpendiculaire, et on laisse glisser la plume le long de la hauteur de l'équerre : la ligne tracée ainsi est une perpendiculaire.

101—Échelle de proportion pour le Levé des Plans

Pour réduire sur un plan les dimensions d'un terrain ou d'une pièce de terre et en conserver toutes les proportions, on représente le mètre par un millimètre, par deux, trois, quatre, suivant la dimension plus ou moins grande. Par ce moyen, au lieu de mesurer les lignes comme sur le terrain, avec un mètre, on les mesure sur le papier avec le millimètre, représentant le mètre. Les mesures seront plus petites, mais elles seront en rapport. Nous observerons ici que les mesures sur le papier doivent être d'autant plus petites que le terrain à porter sur le plan est plus grand, c'est-à-dire que l'unité de mesure portée sur l'échelle de proportion, selon le besoin et l'étendue du terrain à mesurer, peut varier depuis un jusqu'à cinq millimètres pour un mètre. Dans le cas d'un millimètre par mètre, une longueur de 500 mètres sur le terrain serait représentée sur le papier par 5 décimètres ou 50 centimètres, ou encore 500 millimètres (la moitié du mètre).

102—Procédés nécessaires au Levé des Plans.

La première chose à faire lorsqu'on veut lever le plan d'un terrain, c'est de marquer sur le plan les quatre points cardinaux, le Nord, le Midi ou le Sud, le levant ou l'Est, le couchant ou l'Ouest, de manière que les lignes qui terminent ou traversent le terrain soient représentées sur le plan dans la même direction que celles sur le terrain. On s'oriente facilement au moyen de la boussole, dont l'aiguille aimantée tourne toujours vers le Nord.

Le haut d'un plan doit toujours être tourné vers le Nord, le bas au Sud ou Midi; le Levant ou l'Est est à droite, le Couchant ou Ouest est à gauche du plan.

Pour tracer un plan, il faut avoir la plus grande attention de tenir son papier de manière que les lignes que l'on trace dessus soient dans la direction de celles que l'on mesure sur le terrain.

On tracera d'abord sur le plan la grande ligne diagonale qui doit servir de base aux différentes figures triangulaires, trapèzes ou autres, devant servir à mesurer la surface totale de la propriété, de manière que pour obtenir ces figures il n'y ait qu'à élever des perpendiculaires sur cette diagonale AB (*fig.* 6).

Les lignes représentant les limites qui circonscrivent

ou entourent le terrain à mesurer seront représentées sur le plan en traits pleins, à l'encre de la Chine. Les lignes environnantes sont (*fig*. 6) A*o*, *op*, *pq*, *q*R, R*s*, *s*B, B*i*, *ia*, *av*, *vz* et *z*A.

Les perpendiculaires et les lignes artificielles qui ne servent que pendant les opérations du travail ne doivent être marquées qu'au crayon, pour que l'on puisse les effacer après avoir opéré. Ces lignes sont toutes les lignes intérieures.

103—Tracé du Plan.

On trace d'abord le plan au crayon et on ne passe les traits à l'encre que lorsque le plan est terminé et que l'on s'est bien assuré qu'il est exact.

Observation.

Rarement on lève un plan d'un seul tenant; on est souvent obligé de lever sur le terrain les pièces les unes après les autres sur différents croquis, qu'il faut réunir et assembler sur le plan général, comme ils sont assemblés et réunis dans la nature, en se servant pour cela de leur côté commun. C'est ainsi qu'on lie toutes les parties d'une propriété dont on a levé le plan.

104—Du Nivellement du sol.

Il est une infinité de cas où le propriétaire a besoin de connaître le niveau de son sol, soit pour l'écoulement des eaux, soit pour diriger l'irrigation des différentes parties, ou pour toute autre cause demandant une pente convenable qui n'existe pas toujours, et qui est cependant nécessaire dans l'intérêt de la production générale.

Le propriétaire doit donc étudier les causes qui s'opposent au libre écoulement des eaux, et ce n'est qu'en étudiant les irrégularités du terrain qu'il pourra les faire disparaître et donner au sol de son exploitation une pente convenable.

105—Du Niveau d'eau.

Pour connaître les irrégularités d'un terrain, les différentes élévations qui sont cause de ces irrégularités, on se sert d'un niveau d'eau, c'est-à-dire d'un tube en fer-blanc, coudé à ses deux extrémités pour recevoir deux tubes en verre. On verse de l'eau dans l'intérieur de ces tubes ; elle se met de niveau, c'est-à-dire dans une position horizontale, dans les deux verres ou tubes. En visant en dessus de la surface de cette eau, l'œil suit une ligne AB horizontale (*fig.* 7), dont le terrain s'approche ou s'écarte plus ou moins, suivant qu'il s'élève ou qu'il s'abaisse.

Outre le niveau, il faut avoir une perche bien droite, de 2 mètres de hauteur au moins, divisée en mètres, centimètres et millimètres ; le long de cette perche on fait glisser une planchette peinte de quatre à six pouces en carré, nommée *voyant ;* une personne porte la perche et se place à une certaine distance du niveau.

106—Manière de niveler un Terrain, c'est-à-dire de reconnaître la différence de niveau entre le point A et le point B (*fig.* 7).

Pour niveler un terrain, il faut partir du point le plus bas ou le plus élevé. Partant du point le plus élevé A, on placera le niveau horizontalement et on visera le long du bord supérieur de la règle du niveau sans la déranger, de manière qu'elle se dirige sur le point A, le point le plus élevé d'où l'on veut partir ; ensuite, sans déranger le niveau, celui qui le tient visera du côté opposé de ce niveau, en regardant le voyant de la perche qui pourra être éloigné jusqu'à la distance de 40 et 50 mètres ; il fera élever le voyant jusqu'à la ligne du niveau et prendra note de la différence qui existe entre le point A et le point où se trouve placé le voyant ; placer un piquet à ce point et replacer l'instrument, le niveau, de manière que la ligne formée par le niveau d'eau vienne aboutir au pied du premier piquet planté, et viser de l'autre côté du niveau le voyant de la perche toujours placé à 40 ou 50 mètres ;

inscrire comme ci-dessus la différence des hauteurs; placer un piquet à l'endroit où était la perche, et procéder toujours de la même manière jusqu'à ce que l'on soit arrivé au point B ou au bas de la partie à mesurer.

Lorsqu'on aura terminé le nivellement ou le mesurage du nivellement, on ajoutera ensemble les différences de hauteurs notées à chaque station, en tenant compte de la hauteur du niveau, qui est d'environ 1 mètre: on aura la différence de hauteur du point B au point A; et si l'on mesure la distance qu'il y a entre le point A et B, on connaîtra le degré d'inclinaison du terrain, on saura de combien de centimètres par mètre le terrain s'élève ou s'incline.

DE

L'ARCHITECTURE RURALE.

107— Principes d'Architecture rurale.

En géométrie, nous avons appris à connaître les figures planes, et à en mesurer la surface.

L'arpentage nous a appris à nous servir de ces figures pour mesurer l'étendue ou la superficie des propriétés, et à lever des plans.

Les principes de l'architecture sont également établis sur ceux de la géométrie et le calcul.

Un édifice quelconque présente toujours dans sa base et dans ses divisions des figures de géométrie et des calculs dans ses proportions. Les figures employées en architecture sont des triangles, des quadrilatères carrés ou rectangles, des figures de 4, 6, 7, 8 côtés, enfin des circonférences de cercle, ou bien des ellipses : il faut donc que ceux qui veulent diviser eux-mêmes leurs maisons, en dessiner l'emplacement, sachent tracer, au moyen d'un cordeau, toutes les figures sur le terrain. Rien n'est plus facile lorsqu'on connait la géométrie pratique ; mais il est fort difficile d'arriver à tracer les figures très-exactement, par le tâtonnement, par la routine, comme le font la plupart des ouvriers qui manquent d'instruction.

Pour mettre chacun à même de tracer ces figures sur le terrain, nous croyons devoir indiquer les moyens de les tracer géométriquement, à l'aide de cordeaux.

Observations.

Notre but n'est pas ici d'entrer dans de grands détails en

architecture, nous voulons seulement mettre tout propriétaire agronome à même de diriger et de surveiller ses ouvriers dans la construction de toute espèce de bâtiments ruraux, et lui apprendre à tracer les figures que doivent représenter ces bâtiments sur le terrain. Nous avons vu en géométrie que le triangle équilatéral était celui qui avait ses trois côtés égaux, et par conséquent ses trois angles également égaux. Eh bien, à l'aide de ce triangle, très-facile à tracer sur le terrain au moyen d'un cordeau que l'on divise en trois parties égales, on marque sur le terrain toutes les figures rectilignes sur lesquelles doivent s'élever les constructions. On procède pour cela comme nous allons le démontrer.

108—Pratique du tracé d'un Triangle équilatéral.

Lorsqu'on connait la base ou la longueur de l'un des côtés que l'on prend pour base dans le triangle équilatéral, on plante sur le terrain deux piquets aux deux extrémités de cette base; puis, on prend deux cordeaux égaux à cette même base que l'on fixe chacun par leurs extrémités à l'un des piquets plantés à l'extrémité de la base. Réunissant ces deux cordeaux par leur autre extrémité et les fixant par un piquet, on aura le sommet et le triangle équilatéral demandé.

Soit AB la base de ACB (*fig.* 1), on plantera un piquet en A et en B; on prendra ensuite deux cordeaux AC et BC, tous les deux égaux à la base AB; on les fixera d'abord par une de leurs extrémités, l'un en A et l'autre en B, et on les réunira en C, où on les fixera par un piquet, et avec un instrument pointu que l'on glissera le long de ces cordeaux on tracera sur le terrain le triangle ACB équilatéral demandé.

109—Mener deux Cordeaux parallèles.

En architecture, on a souvent besoin de mener des cordeaux parallèles entre eux (*fig.* 2). Lorsque l'un de ces cordeaux est donné, pour mener l'autre parallèle au premier il faut sur celui-ci construire deux triangles équilatéraux égaux, comme nous venons de le démontrer, ensuite faire passer l'autre cordeau par le sommet de ces deux triangles : les deux cordeaux seront alors parallèles.

Soit le cordeau AB (*fig.* 2) donné. Construire, comme nous venons de le démontrer, les deux triangles équilatéraux égaux AMN et COB. Faisant passer en le tendant en ligne droite le cordeau KL par les sommets M et O des deux triangles, KL sera le cordeau parallèle demandé.

110—Sur l'extrémité d'un Cordeau AB élever un Cordeau perpendiculaire (*fig.* 3).

Soit le cordeau AB, sur lequel on veut à l'extrémité B élever le cordeau perpendiculaire. Pour cela, on construira un triangle équilatéral en B sur la ligne AB, en procédant comme nous venons de le démontrer.

Soit le triangle CDB. Au moyen d'un cordeau égal à CD, on prolongera CD de D en F, formant une ligne droite avec DC, ce qui donne CF. Joignant par une ligne droite le point B au point F, la ligne droite BF est la perpendiculaire, ou le cordeau perpendiculaire demandé.

111—Sur un Cordeau ou une Ligne donnée construire un Parallélogramme (*fig.* 4).

Soit AB le cordeau donné. Aux deux extrémités de ce cordeau élever deux cordeaux perpendiculaires, comme il vient d'être prescrit.

Soit les cordeaux BK et AM. BK=AM, et tendant un cordeau de M en K, le quadrilatère ABKM sera le rectangle ou le parallélogramme demandé.

112—Sur un Cordeau ou une Ligne donnée construire un Carré (*fig.* 5).

Soit le cordeau AB, sur lequel on élèvera deux cordeaux perpendiculaires, un à chaque extrémité de la ligne AB. Procédant pour cela comme il a été dit ci-dessus, faisant ensuite la perpendiculaire ou cordeau perpendiculaire BG=AB, et

AK=AB, et menant le cordeau KG, on aura le carré ABGK, qui sera le carré demandé; car puisque AK et BG sont perpendiculaires sur AB, il sont parallèles : AB et KG compris entre deux lignes parallèles qui leur sont perpendiculaires et égales présentent donc quatre côtés et quatre angles parfaitement égaux, ce qui constitue le carré parfait.

113—Sur un Cordeau donné construire une figure régulière de cinq côtés égaux.

Soit AB (*fig.* 6) le cordeau donné. On divise le cordeau AB en cinq parties égales; on porte deux de ces parties de l'extrémité du cordeau AB, de B en D, et de A en C, avec deux cordeaux égaux AB, que l'on fixe en B et D et en E, plaçant des piquets en B et D, et en E ; et avec deux autres cordeaux égaux à AB, fixés en A, en C et F, on forme deux triangles EBD et FCA, dont le côté EB de l'un, et FA de l'autre, sont chacun un côté du pentagone, ou de la figure de cinq côtés; pour obtenir les deux autres côtés, on prend deux cordeaux, chacun égal à AB, et on les fixe au piquet F et E ; joignant leurs autres extrémités par un piquet en G, on aura la figure AFGEB, qui est la figure de cinq côtés réguliers demandée.

114—Sur une Ligne ou sur un Cordeau AB donné (*fig.* 7) construire une figure régulière de six côtés égaux, ou un hexagone.

Soit AB le cordeau donné. A chaque extrémité du cordeau donné AB, prolonger ce cordeau de la longueur BD=AB, et également AE=AB; prenant ED comme base, et avec deux cordeaux égaux chacun à cette base ED, construire le triangle équilatéral EMD, en fixant les cordeaux aux angles du triangle par des piquets placés en E, M, D ; ensuite sur chaque côté du triangle EMD, à partir des angles, prendre DC= BD, EF=EA, KM=AB, MG=AB. Retranchant toutes les parties BD, DC, FE, EA, MG et MK, plaçant des piquets en A, en B, en C, en G, en K et en F, nous aurons la figure régulière de six côtés, ou l'hexagone ABCGKF, qui est la figure demandée.

115—Sur un Cordeau donné AB (*fig.* 8) construire une figure régulière de huit côtés égaux ou octogone.

Soit le cordeau AB donné. On divise ce cordeau en deux parties égales en C, et au point C on élève un cordeau perpendiculaire, comme il a été dit (*fig.* 5), égal à la moitié de AB, de C en D, points que l'on détermine par des piquets.

On tend ensuite un cordeau BD, dont on porte la longueur sur les deux extrémités de AB, de B en E, et de A en F, pour avoir le cordeau FE, sur lequel on forme par les moyens indiqués (*fig.* 5) un carré dont tous les côtés seront égaux à FE, ce qui donne le carré FQPE; on porte ensuite le cordeau trouvé DB sur chaque côté du carré, en partant des angles de E en L, de E en B, de F en A, de F en O, de Q en T, de Q en H, de P en S et de P en R. Plantant des piquets à chacun de ces points, faisant abstraction de tout le reste de la figure, il nous restera une figure régulière de huit côtés égaux ABLRSTHO, qui est la figure régulière de huit côtés, ou l'octogone demandé.

116—Le Rayon d'une circonférence de cercle étant donné, décrire sur le terrain la Circonférence.

Soit AB (*fig.* 9) le cordeau donné devant servir de rayon. On fixera ce cordeau par l'une de ses extrémités au point où l'on veut que soit placé le centre de la circonférence, et avec l'autre extrémité du cordeau armée d'un poinçon servant à tendre le cordeau on trace sur le terrain, le cordeau toujours bien tendu, un cercle que l'on décrit en faisant mouvoir le cordeau autour du centre : on obtient la circonférence BMNT, ayant AB pour rayon, qui est la circonférence demandée.

117—De la construction de l'Ellipse (*fig.* 10).

L'ellipse présente plus de difficulté à décrire que la circonférence de cercle, parce que, au lieu d'un foyer de centre, comme dans un cercle, il en faut deux pour décrire l'ellipse. On détermine d'abord la longueur du grand axe; sur ce grand axe, on prend deux points, devant servir de foyers, qui seront plus ou moins rapprochés suivant que l'on voudra que le petit axe soit plus ou moins grand. Plus on rapprochera les foyers des extrémités du grand axe, moins le petit axe sera allongé ; plus on éloignera ces foyers des extrémités du grand axe, plus le petit axe sera allongé; on concevra facilement que dans ces deux cas il faut conserver les proportions qui doivent donner une jolie forme à l'ellipse.

Le grand axe et les foyers déterminés, on plante des piquets aux deux points fixés pour les foyers ; ainsi si AB est le grand axe, F et G, pris sur cet axe, les foyers de l'ellipse à décrire, on plante un piquet en F et G. Autour de ces piquets, sera engagé un cordeau plié en deux, et arrêté par ses deux bouts. Ce cordeau double doit aller de l'un des foyers à l'une des extrémités du grand axe, de G en A, ou de F en B. Au point A ou à l'extrémité du grand axe, on engage un poinçon entre les deux cordeaux que l'on laisse glisser le long de l'un de ces cordeaux, pour tracer sur le terrain la demi-ellipse ANB. Pendant ce temps, l'autre partie du cordeau appuie sur les piquets placés sur les foyers. Le poinçon arrivé au point B continue à glisser sur la corde, pour décrire la seconde demi-ellipse BNA. Le poinçon de retour au point A donne l'ellipse AMBN, qui est la figure demandée.

Ces figures sont également utiles en fortifications; alors on les trace au moyen de jalons au lieu de cordeaux.

Observations.

Ces quelques figures dont nous venons de démontrer le tracé sur le terrain au moyen de cordeaux sont d'une nécessité absolue en architecture, attendu que l'établissement d'un édifice quelconque représente toujours dans sa base et dans ses divisions la forme de l'une de ces figures; mais ce n'est pas tout de savoir tracer des figures, d'être même habile architecte, il faut encore avoir des connaissances spéciales en agriculture pour établir une maison d'exploitation avec toutes ses dépendances, ayant toutes les commodités et aisances nécessaires pour la plus grande facilité de l'exploitation d'une terre quelconque : il faut pour cela joindre aux connaissances de l'architecte celles de l'habile agronome, parce qu'ici tout doit être à sa place et calculé dans un but d'utilité agricole. Malheureusement l'architecte est rarement agriculteur, et l'agriculteur rarement architecte : il résulte de ce manque de connaissances spéciales de part et d'autre, que presque toujours les bâtiments ruraux sont peu convenables à leur emploi. Désirant remédier à ces inconvénients autant que cela est en notre pouvoir, nous avons cru nous rendre utile à l'industrie agricole en lui fournissant le plan d'une maison de campagne réunissant les avantages de l'utile et de l'agréable.

118—Plan d'ensemble d'un grand Établissement agricole.

Comme ce plan est assez étendu et qu'il embrasse tout ce qui est utile à l'agriculture et aux jouissances de la vie champêtre, exécuté en entier il n'est pas à la portée de toutes les fortunes, surtout lorsqu'il doit être l'œuvre d'une seule génération ; mais lorsqu'il n'aura pour but qu'un commencement d'exécution et que de permettre aux générations futures de le terminer, il pourra en tous lieux, dans tous les instants, et par toutes les fortunes, prendre ce commencement d'exécution, toujours dans le plus grand intérêt de l'agriculture : il s'achèvera successivement, pour ne rien laisser à desirer avec le temps.

Ce plan se compose : 1° d'une maison de maître, vaste, commode, ayant toutes les aisances et dépendances voulues, pour le confortable et les agréments de la campagne;

2° D'une maison d'exploitation présentant toutes les aisances et dépendances nécessaires, pour loger convenablement le personnel, les animaux, les instruments aratoires, de transport, et les produits de l'exploitation. Cet établissement doit être placé autant que possible au centre de la terre, pour servir de ferme modèle.

La maison d'exploitation est établie au nord de la maison du maître à 60 mètres de cette dernière ; elle aura la même longueur, 40 mètres sur 16 de largeur. Ces deux maisons seront chacune flanquées d'une cour de 16 mètres de côté ou de 256 mètres carrés de surface. Au reste, les dimensions pourront avoir plus ou moins d'étendue, suivant le besoin.

Entre les deux maisons à droite et à gauche, seront placées toutes les écuries et aisances de l'exploitation, en laissant entre elles une cour de 40 mètres de largeur ou 1,600 mètres carrés.

La principale façade de la maison de maître sera exposée au midi, et donnera sur les parterres et bois paysagistes.

La façade nord donnera sur une cour d'honneur placée au nord du bâtiment; à l'est de cette cour sera placée la grille d'entrée, et à l'ouest les écuries et remises du maître. La façade du bâtiment du maître ayant 40 mètres de longueur, la cour d'honneur doit en avoir autant, et 20 mètres de largeur. C'est sur la façade du nord que sera placée, au centre du bâtiment, la porte d'entrée de la maison du maître.

Au nord de la cour d'honneur, au pied de la clôture de cette cour, sera placée la cour de la ferme, représentant un carré de 40 mètres de côté ou une surface carrée de 1,600 mètres carrés. Sur les faces nord, est et ouest de cette cour seront placés tous les bâtiments d'exploitation : sur la face du nord sera bâtie la ferme, placée parallèlement au bâtiment de maître; et sur les faces est et ouest de cette cour seront construites les écuries, remises et toutes les aisances nécessaires à l'exploitation.

Les écuries auront leur entrée sur la cour; les bergeries, les remises et les granges feront face à la campagne, comme le tout est marqué sur le plan.

Dans la maison d'exploitation est placé le logement du gérant, dans le cas où le maître voudrait en avoir un; dans le cas contraire, ce logement servira à renfermer les produits de l'exploitation ou de la terre. Sous la maison du maître et sous celle d'exploitation seront placées deux caves pour chacune, plus ou moins grandes suivant les besoins.

Le plan indique les distributions du rez-de-chaussée et des étages dans les bâtiments du maître et du fermier. Au-dessus des écuries et remises seront placés les logements des domestiques mâles, de manière à ce que chacun d'eux soit placé à portée de la surveillance et des travaux qui leur sont confiés.

La maison de maître est distribuée de manière à ce qu'un poêle-calorifère placé dans la cage de l'escalier, et ayant une colonne ou tuyau en tôle conduisant la fumée au-dessus du toit, chauffe toute la maison, et particulièrement les chambres à coucher du premier étage. Cependant, comme nous sommes obligés de faire des jacobines, pour coucher les domestiques femelles, placer les fruitiers, les linges sales et autres débarras, il faudra s'arranger de manière que la chaleur du calorifère ne monte pas en entier à ce dernier étage, ce qui arriverait infailliblement, attendu que la chaleur tend toujours à monter, si on ne prenait quelques moyens pour la maintenir, ne fût-ce qu'en partie, au premier étage. Il sera cependant bien que les fruitiers soient un peu chauffés pour empêcher que le fruit ne gèle. Ils seront donc placés de manière à recevoir un peu de la chaleur du calorifère.

Le deuxième étage de la ferme se composera de deux greniers à blé, de deux grandes pièces devant servir de magnanerie dans le Midi, et qui seront, dans le nord, employées de la manière la plus convenable dans l'intérêt de l'agriculture; le surplus forme le logement du gérant, dont le plan donne les détails.

Au milieu ou centre de la cour de la ferme sera construite une citerne en maçonnerie avec chaux hydraulique. Cette citerne sera recouverte d'une voûte, avec une ouverture dans le haut, pour en sortir les eaux de fumier. Autour de la citerne seront placées des fosses à fumier également en maçonnerie, et aux quatre angles de ces fosses seront construites des guérites d'aisance pour le service de toute la maison.

Le sol de la cour présentera quatre légères pentes vers la citerne, pour que les eaux pluviales, saturées d'engrais, puissent y arriver par des conduits. Les fosses à fumier et d'aisance seront recouvertes d'un toit en chaume ou en tuiles qui les mettra à l'abri de la pluie et du soleil.

Tout établissement rural, on autre, doit toujours être fait sur un plan qui permette de mettre chaque chose à sa place:

ce n'est que par l'ordre et la surveillance que l'on parvient à obtenir, des ouvriers ruraux, suffisamment de bon travail, et de la terre, de grands produits.

Dans le plan que nous donnons ici, tout peut être mis à sa place, et tous les travaux peuvent être facilement surveillés et bien exécutés.

149—Proportion, élévation des bâtiments, et leurs divisions.

Il nous reste maintenant à parler des proportions, de l'élévation des bâtiments, et de leurs divisions. En règle générale, le sol des bâtiments de maître devrait toujours être élevé, pour la plus grande salubrité des appartements du rez-de-chaussée, au moins à 1 mètre du niveau du sol de la terre, le sol de la maison d'exploitation au moins de 35 centimètres au-dessus de celui du sol ; le sol même des écuries doit avoir cette élévation, pour que les animaux puissent y vivre en santé.

Dans la maison du maître, l'élévation du plafond dans les appartements doit être au moins de 4 mètres au rez-de-chaussée, au premier, de 3 mètres 55 centimètres, et les jacobines doivent avoir au moins 2 mètres 80 centimètres de hauteur; ce qui donnerait à la hauteur totale du bâtiment, y compris la corniche, de 65 centimètres de haut, 12 mètres d'élévation. Pour que les façades de maître aient un coup d'œil agréable, on fera régner tout autour du bâtiment, et à hauteur de l'appui des fenêtres, un cordon de pierres de taille à chaque étage; il sera bien encore de marquer l'emplacement de l'appui des fenêtres, et de leur tableau, également par une saillie en pierres de taille, présentant quelques moulures agréables.

La hauteur des appartements de la ferme, au rez-de-chaussée, auront la même hauteur que ceux des appartements de maître ; ceux du premier étage n'auront d'autre plafond que le toit qui couvre la maison et auront une élévation de 5 mètres.

Dans les campagnes comme dans les villes, les bâtiments trop élevés ne plaisent jamais à l'œil, le fatiguent même, lorsque le spectateur ne peut, dans les jardins et basses-cours, se placer sur un emplacement assez éloigné pour que le rayon visuel portant sur le faîte ne forme qu'un angle de 45 degrés. Toutes les fois que cet angle est plus aigu, la vue du bâtiment est hors des proportions voulues par l'architecture : c'est pour éviter ces inconvénients que nous n'avons donné que 12 mètres d'élévation au bâtiment de maître tracé sur le plan.

Observation.

Ce plan peut s'exécuter en plus grandes comme en plus petites dimensions : il ne s'agit pour cela que d'augmenter ou de diminuer les proportions d'ensemble et de détail que nous avons indiquées.

120—Économie en constructions.

Économie ne veut pas dire lésinerie : lorsque l'on construit il faut toujours avoir en vue la solidité, la commodité et les plus jolies formes de l'édifice, et tâcher d'obtenir ces avantages au meilleur compte possible, sans lésinerie aucune.

Pour obtenir ces résultats, il faut avoir une grande habitude pratique, être intéressé ou être honnête homme.

Il est des bâtiments ou parties de bâtiments qui demandent une grande solidité ; d'autres, au contraire, qui en demandent beaucoup moins. Ce sont là des observations essentielles qui ne doivent jamais échapper à l'œil exercé de l'architecte ou de l'entrepreneur. Si les maisons d'habitation doivent être d'une grande solidité, les écuries et hangars en demandent moins, et il faut en construire beaucoup au meilleur compte possible.

Les matériaux de toute espèce pris au loin, lorsqu'il aurait été possible de se les procurer près du lieu des constructions, augmentent souvent beaucoup le prix de ces constructions.

La chaux que l'on fait sur place coûte moins que celle que l'on achète et que l'on est obligé de faire arriver à grands frais, sans compter les tromperies qui ne manquent jamais en pareils cas.

Une pièce de bois refendue et placée sur champ est dans bien des cas aussi forte que la pièce entière, cependant elle en a fait deux au lieu d'une. Des doublis de huit centimètres sur seize de hauteur sont fort solides.

Les planches de vingt millimètres durent autant que celles de trente millimètres, pourvu toutefois que le bois soit bon, et coûtent cependant beaucoup moins.

La chaux forte et le sable grené font du bon ciment et de la très-bonne bâtisse.

Deux ouvriers bien surveillés font autant de travail que quatre qui ne le seraient pas. Il faut donner un aide-manœuvre à deux maçons.

L'ordre bien établi dans un atelier donne à l'entrepreneur plus d'un dixième du coût, quelquefois plus du quart.

La mauvaise foi de l'ouvrier est presque toujours la cause de la ruine de celui qui le fait travailler. L'ouvrier doit être dirigé, surveillé, et placé dans sa spécialité.

On pourrait étendre bien loin ces observations, tendant toutes à diminuer le prix des constructions rurales et autres ; mais nous croyons en avoir dit assez pour tenir en garde ceux qui ont à faire construire des bâtiments quelconques.

De l'ordre, de l'économie sans lésinerie, et une surveillance constante, sont les moyens de bâtir au meilleur compte possible.

DE LA COMPTABILITÉ AGRICOLE.

La comptabilité de l'agronome praticien doit être simple, peu compliquée et d'une exécution facile. Il faut qu'il puisse se rendre compte à toute heure, à tout instant, de l'état de ses produits, de ses recettes et de ses dépenses.

Pour arriver aussi exactement que possible à ce résultat, il aura trois registres ouverts, l'un sur lequel il inscrira toutes ses dépenses, sur l'autre tous les produits obtenus avec leur valeur approximative, sur le troisième le montant de toutes les denrées vendues. Chaque page de chacun de ces registres aura une colonne sur sa droite, dans laquelle seront enregistrées les sommes.

Tous les mois les colonnes des dépenses et des recettes seront totalisées et les sommes portées sur un état sommaire des recettes et des dépenses : ce tableau contiendra cinq colonnes.

A la fin de l'année on fera le total du montant du prix présumé des denrées et des bestiaux non vendus, que l'on portera à la colonne des recettes pour qu'il soit plus facile de se rendre un compte exact de toutes les dépenses, de tous les produits et des bénéfices nets de l'année.

121 —Registre des Dépenses.

	fr.	c.
Le 30 janvier, pour achat de 100 kilogrammes, graine de trèfle	90	90
Le 25 février, pour achat de 20 hectolitres de graine de sainfoin, à 10 fr. l'un	200	»
Le 1er mars, acheté, pour prairie artificielle, 5 hectolitres de graine de vesce sauvage, à 10 fr. l'un	50	»
Le 15 avril, pour achat de 100 kilogrammes de graine de luzerne, à 1 fr. le kilogramme. . .	100	»
Le 4 mai, pour achat de 20 voyages de fumier à 3 fr. l'un	60	»
Le 10 juin, pour différents travaux de culture, payé 100 journées de manœuvre, à 1 fr. l'une	150	»
Le 30 juillet, pour frais de moisson de toute nature, payé	300	»
Le 12 août, pour la rentrée de gerbes.	60	»
Le 2 septembre, pour frais de travaux de la terre, payé 125 journées de manœuvre, à 1 fr. 50 c., l'une	200	»
Le 1er octobre, pour achat de blé semence, 10 hectolitres, à 20 fr. l'un	200	»

En novembre, pour rentrer les denrées de toute espèce, 150 journées d'ouvriers à 1 fr. 25 c. l'une 187 50

Le 20 décembre, pour différents travaux d'intérieur, 50 journées à 1 fr. 25 c. l'une 62 50

122—Produits récoltés.

Le 25 avril, récolté 100 quintaux de fourrage, à 3 fr. l'un . . . . 300 »

Le 15 mai, 500 quintaux de luzerne, à 3 fr. l'un . . . . 1,500 »

Le 20 juin, récolté 1,000 kilogrammes de cocons, à 5 fr. l'un. . . . . 5,000 »

Le 10 août, premières pomme de terre, 100 sacs à 2 fr. l'un . . . . 200 »

Le 30 juillet, 100 hectolitres blé, à 20 fr. l'un 2,000 »

Le 15 septembre, 250 hectolitres blé, à 20 fr. l'un . . . . 5,000 »

Le 25 octobre, 200 hectolitres vin, à 15 fr. l'un 3,000 »

Le 1er novembre, 500 hectolitres de racines de toute espèce, à 2 fr. l'un . . . . 1,000 »

123—Registre des Recettes des produits vendus.

Le 5 janvier, vendu 100 hectolitres blé, à 20 fr. l'un . . . . 2,000 »

Le 10 février, vendu 200 hectolitres pommes de terre, à 2 fr. 50 c. l'un . . . . 500 »

Le 15 mars, vendu 100 hectolitres vin, à 15 fr. 1,500 «

Le 30 avril, 100 quintaux de foin, à 3 fr. . . . 300 »

Le 25 mai, 200 quintaux de feuilles de mûrier, à 5 fr. l'un . . . . 1,000 »

Le 20 juin, 1,000 kilogrammes cocons, à 5 fr. 5,000 »

Le 30 juillet, vendu 20 sacs de graines de colza, à 20 fr. l'un . . . . 400 »

Le 29 août, 200 hectolitres blé, à 20 fr. l'un 4,000 »

Le 28 septembre, vendu 200 quintaux betteraves, à 2 fr. l'un . . . . 400 »

Le 27 octobre, 500 quintaux de bois, à 1 fr. le quintal. . . . . 500 »

Le 16 novembre, 200 hectolitres pommes de terre, à 2 fr. l'un . . . . 400 »

Le 12 décembre, vendu 50 hectolitres vin, à 15 fr l'un . . . . 750 »

ÉTAT SOMMAIRE

DES RECETTES ET DES DÉPENSES.

Année 1847.

MOIS de L'ANNÉE.	DÉPENSES de L'EXPLOITATION.	RECETTES de L'EXPLOITATION.	BÉNÉFICES NET.	DÉFICIT.
Janvier.	500 fr.	1,000 fr.	500 fr.	» fr.
Février.	200	500	300	»
Mars.	300	600	300	»
Avril.	150	300	150	»
Mai.	1,000	1,000	»	»
Juin.	1,000	5,000	4,000	»
Juillet.	500	»	»	500
Août.	600	3,000	2,400	»
Septembre.	»	500	500	»
Octobre.	1,000	500	»	500
Novembre.	500	2,000	1,500	»
Décembre.	300	4,000	3,700	»
TOTAUX.	6,050	18,400	13,350	1,000

Reste bénéfice net, 13,350 fr.

NOTIONS
DE GÉOGRAPHIE.

DESCRIPTION DE LA TERRE.

124—Les Points cardinaux.

La Terre est ronde comme une boule ou à peu près; elle est légèrement aplatie vers les pôles. Pour fixer la situation relative des différentes parties de la Terre, il a fallu désigner des points que l'on a appelés *points cardinaux.* Ces points sont le *nord* ou le *septentrion,* qui est le point principal : il est marqué dans le ciel par l'étoile polaire, étoile très-brillante qui fait partie du groupe de la petite Ourse; le *sud* ou le *midi* est l'opposé; le *levant* ou l'*orient* est au point où se lève le soleil chaque matin; le *couchant, occident* ou *ouest,* est le côté où se couche le soleil. Avec ces quatre points il sera toujours facile de s'orienter.

125—Les Cercles : les grands Cercles.

Les cercles qui divisent le globe terrestre sont de deux espèces, les grands et les petits : les grands cercles sont l'équateur, les méridiens, et l'horizon. L'équateur est un grand cercle qui passant par le centre du globe le coupe en deux parties égales, qui forment deux hémisphères absolument égaux, l'hémisphère nord et l'hémisphère sud. L'équateur est la ligne équinoxiale, ou *la ligne* tout simplement, comme l'appellent les marins.

Le méridien fait également le tour du globe, en passant par

les pôles; il est midi pour tous les peuples placés sous le cercle lorsque le soleil y arrive; il divise comme l'équateur le globe en deux hémisphères, l'un occidental, l'autre oriental. Il y a sur le globe autant de cercles méridiens qu'il y a de points sur la terre, car il n'en est pas un qui n'ait son méridien. Parmi ce grand nombre de méridiens il a fallu en choisir un d'où l'on partît pour évaluer tous les autres. Ce premier méridien est celui qui passe par l'Observatoire de Paris.

Tous les méridiens ont la même longueur; ils embrassent la totalité du globe; ils comptent tous trois cent soixante divisions ou degrés; chaque degré se divise en soixante minutes, chaque minute en soixante secondes.

L'équateur se divise également en trois cent soixante degrés, avec subdivision de minutes et secondes.

La position du grand cercle de l'horizon est relative à celle des individus. L'horizon est le point où se borne la vue, il embrasse toujours la moitié du globe et du ciel; il a deux pôles : le zénith et le nadir ; le zénith est le point au-dessus de la tête des individus, le nadir est le point opposé. On nomme *écliptique* la ligne que semble suivre le Soleil.

126—Les petits Cercles.

Les petits cercles sont parallèles à l'équateur. Ce sont des lignes tracées dans le même sens que l'équateur ; ils diminuent à mesure qu'ils arrivent de l'équateur vers les pôles; leur nombre est multiplié comme celui des méridiens; chaque lieu de la terre a le sien.

Au nombre de ces cercles, on compte les cercles tropiques et les cercles polaires.

Les tropiques sont situés à 23° ½ de l'équateur. Les deux cercles que l'on distingue encore sont les cercles polaires ; ils sont situés à 23° ½ des pôles : l'un est le cercle polaire arctique, l'autre le cercle polaire antarctique.

Lorsque le Soleil, par le mouvement de la Terre, arrive à hauteur des tropiques, il semble s'arrêter pour revenir vers l'équateur : c' est ce qui forme les solstices et les équinoxes, comme nous le verrons plus tard.

127—Des Zones.

Par la position des cercles que nous venons de désigner, la Terre se trouve divisée en cinq grandes zones :

1° La zone torride, partie comprise entre les deux tropiques ; cette partie est la plus chaude de la Terre, parce qu'elle est celle sur laquelle les rayons du soleil arrivent le plus directement : l'équateur la coupe en deux parties égales ;

2° Les deux zones froides ou glaciales, partant des cercles polaires et s'étendant jusqu'aux pôles ;

3° Les deux zones tempérées, comprises entre les tropiques et les cercles polaires. D'après ces dispositions, il résulte que sur les deux hémisphères septentrional et méridional, formés par l'équateur, la température est absolument la même sur tous les points correspondants de ces deux hémisphères, à l'époque des saisons correspondantes.

128—Superficie du Globe terrestre.

Le globe terrestre a 3,000 lieues de diamètre et 9,000 lieues de tour; sa surface totale est de 6,765,000 lieues carrées, sa population de 740 millions d'âmes; il se compose de terre et d'eau ; plus des trois quarts de sa surface est occupé par les eaux.

129—Mouvement de la Terre.

La Terre a deux mouvements simultanés : elle tourne ou roule sur elle-même en vingt-quatre heures, mouvement qui donne les jours et les nuits. Lorsque le soleil nous éclaire nous avons le jour ; lorsqu'au contraire l'hémisphère que nous habitons est opposé au soleil, nous avons la nuit. Dans son second mouvement, la Terre tourne autour du soleil en trois cent soixante-cinq jours six heures quarante-neuf minutes : c'est là ce qui fixe la durée de l'année, divisée en douze mois.

130—De l'Axe de la Terre.

On appelle *axe de la Terre* une ligne imaginaire passant par le centre du globe et aboutissant aux deux pôles. C'est sur cet axe que le globe effectue son mouvement de rotation sur lui-même. Ce mouvement est celui d'une boule qu'on lance avec force ; l'impulsion qu'elle reçoit pour arriver à son but lui imprime un mouvement de rotation sur elle-même absolument comme celui de la Terre.

131—Des Saisons.

Nous savons que l'équateur divise le globe terrestre en deux hémisphères égaux : l'hémisphère nord, que nous habitons, et l'hémisphère dans lequel se trouve l'Océanie et une partie de l'Amérique du Sud. Lorsque le pôle nord est éclairé, l'hémisphère nord, que nous habitons, reçoit plus de lumière du soleil que l'hémisphère sud : alors ses rayons, nous arrivant plus perpendiculairement, nous donnent plus de chaleur, nous avons l'été.

Six mois après, c'est le pôle sud qui est éclairé; car aux pôles les nuits et les jours durent six mois : alors les rayons du soleil nous arrivent obliquement, nous avons du froid, c'est le moment de l'hiver. L'été et l'hiver durent trois mois. Voyons comment arrivent les trois mois du printemps et les trois mois d'automne.

Lorsque les deux pôles sont également éclairés, la lumière se distribue d'une manière uniforme aux deux hémisphères; nous avons alors les saisons intermédiaires : l'automne et le printemps.

132—Égalité des Jours et des Nuits.

A l'équateur, le cercle décrit en un jour par la Terre laisse toujours l'un de ses côtés éclairé et l'autre qui ne l'est pas. A l'équateur les jours sont donc toujours égaux aux nuits. Sur les autres parties de la Terre le cercle décrit dans un jour a, durant l'été, plus de sa moitié éclairée, et pendant l'hiver plus de sa moitié dans l'ombre : c'est là ce qui fait que l'été les jours sont plus grands que les nuits, et que l'hiver ce sont au contraire les nuits qui sont plus grandes.

Au commencement de l'automne et du printemps, le cercle diurne étant, pour tous les pays, moitié dans la lumière, moitié dans l'ombre, les jours sont alors égaux aux nuits.

133—Solstices et Équinoxes.

On appèle *solstices* les époques des plus grands jours et des plus longues nuits, parce que, à ces époques, le soleil, après avoir paru s'élever au-dessus ou s'abaisser au-dessous de l'horizon, semble s'arrêter et exécuter un mouvement contraire : les solstices ont lieu le 21 juin et le 21 décembre.

Les époques où les jours sont égaux aux nuits se nomment *équinoxes ;* ils arrivent le 21 mars et le 21 septembre. Il y a deux solstices et deux équinoxes : le solstice d'hiver en décembre, le solstice d'été en juin ; l'équinoxe du printemps en mars, et l'équinoxe d'automne en septembre.

134—Des Climats.

Comme nous avons déjà été à même de le remarquer, le plus ou moins d'obliquité des rayons du soleil sur la terre détermine les degrés de chaleur dans les différents climats. Sur la zone torride, placée entre l'équateur et les tropiques, les rayons du soleil, arrivant toujours d'aplomb, y donnent une chaleur excessive; mais à mesure que les rayons solaires s'éloignent des tropiques pour arriver vers les pôles, l'obliquité toujours plus grande des rayons diminue successivement la chaleur, et le froid augmente jusqu'aux zones glaciales, où le froid le plus rigoureux règne toujours.

135—Du Globe terrestre.

Le Globe terrestre est composé de terre et d'eau : l'eau occupe les trois quarts de sa surface ; les eaux qui entourent les continents se nomment *mer* ou *océan ;* ce sont les eaux qui dessinent les formes extérieures des différentes parties du monde : elles occupent presque tout l'hémisphère austral, et les terres sont presque toutes dans l'hémisphère opposé. Les grandes divisions du Globe sont : l'Europe, l'Asie, l'Afrique, l'Amérique et l'Océanie.

156—De la Lune.

La Lune est le satellite de la Terre, elle tourne autour d'elle ; elle en est éloignée de 86,000 lieues ; son diamètre est de 781 lieues, le quart à peu près de celui de la Terre; son volume est 49 fois moindre. La Lune parcourt son orbite elliptique en 29 jours 17 heures 43 minutes. La Lune est opaque, elle ne brille que par la lumière qu'elle reçoit du Soleil et qu'elle nous envoie. Lorsque la Lune est placée entre la Terre et le Soleil, elle est invisible pour nous ; elle nous présente sa face non éclairée : c'est alors l'époque de la Nouvelle Lune.

Lorsque, au contraire, c'est la face éclairée par le Soleil qui est tournée de notre côté, ce qui arrive lorsque la Terre se trouve entre la Lune et le Soleil, nous disons alors que la Lune est pleine. Dans les positions intermédiaires, lorsque la Lune va de la Nouvelle Lune à la Pleine Lune, nous la voyons sous la forme d'un croissant, parce qu'elle a une partie éclairée et l'autre qui est dans l'ombre : nous avons alors le Premier Quartier ; lorsqu'après avoir été pleine à la Néoménie le croissant est de l'autre côté, nous avons alors le Dernier Quartier.

157—Des Éclipses.

Lorsque la Lune se trouve entre la Terre et le Soleil, de manière à intercepter les rayons du Soleil qui éclairent la Terre, il y a éclipse de Soleil. Lorsque la Terre se trouve entre le Soleil et la Lune, de manière à intercepter les rayons qui éclairent la Lune, il y a éclipse de Lune.

158—De l'Europe.

Nous avons dit que la Terre se composait de cinq grands

continents : l'Europe, l'Asie, l'Afrique, l'Amérique et l'Océanie ; de ces cinq parties, l'Europe est la moindre par son étendue, mais elle est la plus peuplée relativement à cette étendue : sa superficie est de 482,000 lieues carrées, sa population de 228,000,000 d'âmes.

139—États de l'Europe.

Les États de l'Europe sont : le Danemark, dont la capitale est Copenhague, ville de 110,000 habitants. La Suède et la Norvège, dont la capitale est Stockholm; sa population est de 80,000 âmes. La Russie, dont la capitale est Saint-Pétersbourg : elle compte 448,000 habitants ; Moscou, la seconde ville de l'empire Russe, compte 350,000 habitants. La Pologne, Varsovie, 150,000 âmes ; la ville libre de Cracovie, 115,000 âmes. La Prusse, dont la capitale est Berlin, 300,000 habitants. L'Angleterre, Londres, capitale, 1,800,000 habitants. La France, Paris, capitale, 1,200,000 habitants. La Turquie, dont la capitale est Constantinople, compte 600,000 âmes. L'Autriche, dont la capitale est Vienne ; les États d'Allemagne ; la Suisse, États fédératifs ; l'Espagne, dont la capitale est Madrid ; le Portugal, capitale, Lisbonne ; et l'Italie, capitale, Milan.

140—Fleuves de l'Europe.

Les Fleuves sont, en Russie, le Volga, le plus grand fleuve de cette partie du monde : le Volga se jette dans la mer Caspienne, et prend sa source vers Tver ; le Don, le Dniéper, le Dniester, l'Oural, la Dvina méridionale, le Petchara au nord : le Don se jette dans la mer d'Azof ; le Dniéper et le Dniester, dans la mer Noire. En Autriche, le Danube a son embouchure dans la mer Noire. En Russie, la Grande Dvina se rend dans la mer Blanche ; la Petite Dvina, dans la mer Baltique. En Pologne, en Prusse, la Vistule et l'Oder ont, l'un et l'autre, leur embouchure dans la Baltique ; l'Elbe se jette dans la mer du Nord, de même que le Veser. En France et dans les États d'Allemagne, le Rhin, venant du mont Saint-Gothard, se perd dans les sables de Calvich; la Meuse, l'Escaut se jettent dans la mer du Nord. En Angleterre, la Tamise a son embouchure dans l'Océan Atlantique boréal. En France, la Seine, la Loire, la Garonne ont la leur dans l'Océan Atlantique. En Espagne, en Portugal, le Douro, la Guadiana se jettent également dans l'Océan Atlantique; le Guadalquivir et l'Èbre, fleuves d'Espagne, versent leurs eaux dans la Méditerranée. En Italie, le Tibre verse les siennes dans la mer de Toscane; le Pô, dans la mer Adriatique; l'Adige se rend dans la même mer. Enfin, le Mariza, fleuve de la Turquie, a son embouchure dans l'Archipel.

141—Montagnes de l'Europe.

Les montagnes de l'Europe sont : en France, les Alpes, les Pyrénées qui la séparent de l'Italie et de l'Espagne; en Russie, les monts Caucase, l'Oural, les monts Crapachs; en Suède et Norwège, les monts Sero et Nohlen; en Suisse, les montagnes de la Forêt-Noire; en France, les Vosges, la chaîne du Jura, les Cévennes; en Angleterre, les montagnes de la Grande-Bretagne.

Le mont Blanc, dans les Hautes-Alpes, est le point le plus élevé de l'Europe : sa hauteur est de 4775 mètres; le mont Rosa 4736, le mont Finster-Aorhon 4362 mètres, la Jung-Frau 4181. Ces sommités sont perpétuellement couvertes de neiges et de glaces, dont les limites inférieures sont à 2550 mètres. A cette élévation le froid règne d'une manière très-intense, la vie végétale et animale s'arrête avant d'arriver à cette hauteur. Quelques montagnes ont des volcans éteints ou encore en état d'éruption : comme le Vésuve, près de Naples, dont la hauteur est de 1198 mètres, l'Etna en Sicile, haut de 3237 mètres, et dont les éruptions sont quelquefois terribles.

GÉOGRAPHIE DE LA FRANCE.

142—Limites.

La France est comprise entre le 42° et le 52° degrés de latitude nord, et entre le 6° et le 8° de longitude ouest, c'est-à-dire qu'elle a dans le sens du nord au sud 250 lieues d'étendue, et de l'est à l'ouest 210 lieues. Sa superficie est de 26,000 lieues carrées ; avec ses colonies, 30,500.

La France est bornée au nord par la Manche, le Pas-de-Calais, la Belgique, le grand-duché de Luxembourg et la Bavière Rhénane ;

Au sud, par l'Espagne et la Méditerranée ;

A l'est, par l'Allemagne, la Suisse, l'Italie ;

A l'ouest, par l'Océan Atlantique.

143—Montagnes.

Les montagnes de la France sont les Alpes, les Pyrénées et leurs ramifications.

Les Alpes sont situées au sud-est, et séparent la France de l'Italie.

Les Pyrénées s'étendent de l'est à l'ouest, et servent de limite à la France et à l'Espagne.

Les ramifications des Alpes sont, en s'avançant toujours vers le nord, le Jura, les Vosges ; plus à l'ouest, les montagnes des Ardennes ; en redescendant vers le sud, les petites montagnes de la Bourgogne, du Nivernais, de l'Orléanais et de la Bretagne.

Les ramifications des Pyrénées sont : les Cévennes, les monts de l'Auvergne, du Limousin, du Cantal, du Puy-de-Dôme.

144—Fleuves et Rivières.

Les fleuves sont les courants qui se jettent dans les mers ; les rivières ceux qui versent les eaux dans les fleuves.

Les fleuves qui se jettent dans l'Océan Atlantique sont :
La Garonne—la Loire—la Seine—le Rhin.

Dans la mer Méditerranée : le Rhône.

Les rivières de 2me classe qui se jettent dans les fleuves sont :

Dans la Garonne : l'Ariège—le Tarn—le Gers—le Lot—la Dordogne.

Dans la Loire : la Vienne—la Nièvre—l'Allier—le Loiret—le Cher—l'Indre—la Mayenne—la Sèvre.

Dans la Seine : l'Aube—l'Yonne—la Marne—l'Oise—l'Eure.

Dans le Rhône : la Saône—l'Isère—la Drôme—la Durance—l'Ardèche—le Gard.

Dans le Rhin : la Meuse—la Moselle—l'Ain.

145—Rivières de deuxième classe qui reçoivent celles de troisième.

La Vienne—la Creuse—la Mayenne—la Sarthe—le Loiret—le Tarn—l'Aveyron—la Dordogne—la Corrèze—l'Oise—l'Aisne—la Saône—le Doubs—l'Isère—le Drac—la Moselle—la Meurthe.

La Vendée et la Vilaine vont grossir les eaux de l'Ille.

Les autres rivières sont : l'Adour—la Charente—une seconde Sèvre—l'Orne—la Somme—le Var—l'Hérault et l'Aude.

Il est très-important de connaître les rivières, d'abord parce qu'elles donnent leurs noms à presque tous les départements de la France, ensuite parce qu'il faut connaître la direction des cours d'eau.

La plupart des auteurs qui ont écrit la géographie de la France ont divisé cette partie de l'Europe par bassins. Nous qui rapportons tout à l'agriculture, nous la divisons en quatre régions que nous nommons *agricoles*, parce que chacune d'elles est désignée par les produits qui conviennent le mieux à son climat. Ainsi, nous nommerons la région du Sud celle de l'olivier, du mûrier et de la vigne. Celle du Centre de la France sera la région des grains, des légumes secs, du noyer et des vins agréables de table. La troisième, ou celle qui comprend l'Ouest de la France, sera la région des herbages, des élèves, de la viande de boucherie et du cidre. La quatrième région, celle du Nord, sera celle du blé, des produits oléagineux et bulbeux, du houblon, du chanvre et du lin.

La première région, celle du Sud, descend depuis le 45e degré de latitude nord jusqu'au 42e degré de latitude sud, c'est-à-dire qu'elle comprend tout le midi de la France.

La deuxième, celle du Centre de la France, s'élève du 45e degré de latitude sud au 48e degré de latitude nord.

La troisième région, celle de l'Ouest de la France, se trouve comprise entre le premier degré de longitude ouest, venant aboutir sur le 45e de latitude sud. Cette partie ou région est bornée au sud et au sud-ouest par l'Océan, et au nord-ouest par la Manche.

La quatrième région, celle du Nord, s'étend depuis le 48e degré de latitude sud jusqu'au 51e de latitude nord. Elle comprend la partie la plus septentrionale de la France, bornée à l'ouest par le premier degré de longitude.

C'est en suivant cet ordre, et commençant par la partie la plus méridionale de la France, c'est-à-dire par la région de l'olivier, du mûrier et de la vigne, que nous allons faire le relevé des départements, en procédant comme il suit :

146—Première Région.

	Départements.	Chefs-lieux.
1	Pyrénées-Orientales.	*Perpignan.*
2	Ariége.	*Foix.*
3	Hautes-Pyrénées.	*Tarbes.*
4	Aude.	*Carcassonne.*
5	Haute-Garonne.	*Toulouse.*
6	Basses-Pyrénées.	*Pau.*
7	Hérault.	*Montpellier.*
8	Var.	*Draguignan.*
9	Bouches-du-Rhône.	*Marseille.*
10	Basses-Alpes.	*Digne.*

	Départements.	Chefs-lieux.
11	Tarn.	*Alby.*
12	Gers.	*Auch.*
13	Landes.	*Mont-de-Marsan.*
14	Gard.	*Nîmes.*
15	Tarn-et-Garonne.	*Montauban.*
16	Vaucluse.	*Avignon.*
17	Lot-et-Garonne.	*Agen.*
18	Aveyron.	*Rodez.*
19	Lozère.	*Mende.*
20	Ardèche.	*Privas.*
21	Drôme.	*Valence.*
22	Hautes-Alpes.	*Gap.*
23	Lot.	*Cahors.*
24	Gironde.	*Bordeaux.*
25	Dordogne.	*Périgueux.*

Ces vingt-cinq départements, forment la région du Sud, ou celle de l'olivier, du mûrier et de la vigne : c'est dire assez que ce sont là leurs principaux produits. Il faut toutefois excepter le département des Hautes-Alpes, qui par sa situation topographique ne donne aucun de ces produits.

Nous allons maintenant passer à la division ou à la région du Centre :

147—Deuxième Région.

	Départements.	Chefs-lieux.
26	Cantal.	*Aurillac.*
27	Haute-Loire.	*Le Puy.*
28	Isère.	*Grenoble.*
29	Corrèze.	*Tulle.*
30	Loire.	*Montbrison.*
31	Puy-de-Dôme.	*Clermont.*
32	Haute-Vienne.	*Limoges.*
33	Charente.	*Angoulême.*

Départements.	Chefs-lieux.
34 Rhône.	*Lyon.*
35 Creuse.	*Guéret.*
36 Ain.	*Bourg.*
37 Allier.	*Moulins.*
38 Jura.	*Lons-le-Saulnier.*
39 Saône-et-Loire.	*Mâcon.*
40 Indre.	*Châteauroux.*
41 Doubs.	*Besançon.*
42 Nièvre.	*Nevers.*
43 Cher.	*Bourges.*
44 Indre-et-Loire.	*Tours.*
45 Loir-et-Cher.	*Blois.*
46 Côte-d'Or.	*Dijon.*
47 Haute-Saône.	*Vesoul.*
48 Yonne.	*Auxerre.*
49 Sarthe.	*Le Mans.*
50 Loiret.	*Orléans.*

Ces vingt-cinq seconds départements forment la région du Centre, la deuxième, celle des grains, des légumes secs, des vins de table agréables, et du noyer.

Nous allons actuellement passer à la région de l'Ouest.

148—Troisième Région.

Départements.	Chefs-lieux.
51 Charente-Inférieure.	*La Rochelle.*
52 Deux-Sèvres.	*Niort.*
53 Vendée.	*Bourbon-Vendée.*
54 Vienne.	*Poitiers.*
55 Maine-et-Loire.	*Angers.*
56 Loire-Inférieure.	*Nantes.*
57 Morbihan.	*Vannes.*
58 Mayenne.	*Laval.*
59 Ille-et-Vilaine.	*Rennes.*

	Départements.	Chefs-lieux.
60	Côtes-du-Nord.	*Saint-Brieuc.*
61	Finistère.	*Quimper.*
62	Orne.	*Alençon.*
63	Calvados.	*Caen.*
64	Manche.	*Saint-Lô.*
65	Eure.	*Évreux.*
66	Seine-Inférieure.	*Rouen.*

Ces seize départements forment la région de l'Ouest, la troisième, ou celle des herbages, des élèves de toute espèce, de la viande de boucherie et du cidre.

Nous arrivons enfin à la quatrième région, qui comprend tout le Nord de la France.

149—Quatrième Région.

	Départements.	Chefs-lieux.
67	Haute-Marne.	*Chaumont.*
68	Haut-Rhin.	*Colmar.*
69	Vosges.	*Épinal.*
70	Aube.	*Troyes.*
71	Eure-et-Loir.	*Chartres.*
72	Seine-et-Oise.	*Versailles.*
73	Seine-et-Marne.	*Melun.*
74	Seine.	*Paris.*
75	Marne.	*Châlons-sur-Marne.*
76	Meuse.	*Bar-le-Duc.*
77	Meurthe.	*Nancy.*
78	Bas-Rhin.	*Strasbourg.*
79	Moselle.	*Metz.*
80	Oise.	*Beauvais.*
81	Aisne.	*Laon.*
82	Ardennes.	*Mézières.*
83	Somme.	*Amiens.*
84	Pas-de-Calais.	*Arras.*
85	Nord.	*Lille.*

Ces dix-neuf départements qui comprennent tout le nord de la France, entre les 48 degrés de latitude sud, et le premier degré de latitude ouest, forment la région du Nord, la quatrième, celle des produits en blé, des oléagineux à basses-tiges, des plantes bulbeuses, du houblon, du chanvre et du lin.

Vient ensuite la Corse, le 86e département, qui doit former une cinquième région, avec nos colonies d'Alger et autres, comme pouvant donner des produits exotiques.

Observation.

Nos lecteurs comprendront facilement qu'il nous était impossible d'être absolu dans nos dénominations ; que nous ne pouvions que nous rapprocher le plus possible de la vérité, pour faciliter l'intelligence de notre division, et bien faire connaître la France sous le rapport agricole et topographique.

DÉPARTEMENTS.

Après avoir établi nos grandes divisions, nous allons passer chaque département en revue, pour voir quelles sont ses facultés agricoles. Nous donnerons en même temps sa superficie, sa population, le nombre de ses arrondissements, de ses cantons, de ses communes, son chef-lieu et sa population.

150—Premier département, *Pyrénées-Orientales.*

Lieues carrées, 220 ; habitants, 151,372 ; arrondissement, 3 ; cantons, 17 ; communes, 244 ; chef-lieu, Perpignan, 15,357 âmes.

Bien que très-rapproché des Pyrénées, la température de l'air y est chaude.

Montagneux, le sol est fertile en grains, et produit de bons vins, des olives, des grenades; les orangers, les citronniers y viennent même en pleine terre.

On y élève quelques vers à soie : il pourrait en produire

beaucoup plus ; il contient des mines de fer, de plomb, de cuivre, de l'alun, du sel : bien exploité, ce serait un riche département.

131—Deuxième département, *Ariége.*

Lieues carrées, 244 ; habitants, 247,932 ; arrondissements, 3 ; cantons, 20 ; communes, 337 ; chef-lieu, Foix, 4,958 âmes.

Très-montagneux, peu de grains, peu de vins ; de belles prairies, quelques bestiaux, des bois de construction, des mines de fer, de manganèse ; carrières de marbre : c'est l'un de nos pauvres départements, que l'industrie peut améliorer grandement.

132—Troisième département, *Hautes-Pyrénées.*

Lieues carrées, 243 ; habitants, 222,059 ; arrondissements, 3 ; cantons, 26 ; communes, 500 ; chef-lieu, Tarbes, 8,722 âmes.

Montueux, climat varié, air pur; peu de grains, mûriers, pins, sapins, chênes, bons vins, excellents pâturages, de très-bons chevaux; mines de fer, de colbat; carrières de beaux marbres.

133—Quatrième département, *Aude.*

Lieues carrées, 350; habitants, 265,991; arrondissements, 4; cantons, 30; communes, 436; chef-lieu, Carcassonne, 17,755 âmes.

Terrain montagneux, siliceux, marécageux; céréales, vins, oliviers, mûriers, cire, miel; mines de cuivre, de plomb; carrières de très-beau marbre rouge.

134—Cinquième département, *Haute-Garonne.*

Lieues carrées, 319; habitants, 407,016 ; arrondissements, 4; cantons, 39; communes, 606; chef-lieu, Toulouse, 53,319 âmes.

Sol fertile, pas de montagnes, beaucoup de céréales, de

vins, de fruits, de volailles : au total, c'est un de nos bons départements sous le rapport de la production du sol.

155—Sixième département, *Basses-Pyrénées.*

Lieues carrées, 405 ; habitants, 412,469 ; arrondissements, 5 ; cantons, 46 ; communes, 660 ; chef-lieu, Pau, 11,761 âmes.

L'air est sain, chaud dans les plaines, froid dans les montagnes. Le sol est fertile : blé, maïs, abondants fourrages, nombreux bestiaux ; forêts de hautes futaies ; carrières de marbre ; mines de fer et de cuivre.

156—Septième département, *Var.*

Lieues carrées, 380 ; habitants, 311,095 ; arrondissements, 4 ; cantons, 35 ; communes, 208 ; chef-lieu, Draguignan, 8,835 âmes.

Montagneux ; peu de céréales, vins de bonne qualité, olives, figues, dattes, pistaches, câpres, oranges, citrons, mûriers, jujubes, marrons, chênes verts, chênes-liége, parfumerie, distillerie, huile d'olives.

157—Huitième département, *Bouches-du-Rhône.*

Lieues carrées, 266 ; habitants, 326,302, arrondissements, 3 ; cantons, 22 ; communes, 109 ; chef-lieu, Marseille, 100,000 âmes.

Climat chaud, sec, sol aride qui a besoin de beaucoup de travail, de labours profonds et de puissants moyens d'irrigation ; oliviers, vin, mérinos nourris dans les plaines de la Croue pendant l'hiver, et sur les montagnes de la Drôme et de l'Isère pendant l'été La bonne partie des Bouches-du-Rhône est la Camargue, terrain ressemblant à un delta, à l'embouchure du Rhône : cette partie est très-fertile.

158—Neuvième département, *Basses-Alpes.*

Lieues carrées, 249 ; habitants, 153,063 ; arrondissements,

5; cantons, 48; communes, 260; chef-lieu, Digne, 3,655 âmes.

Montagnes assez élevées, peu de céréales, vins de bonne qualité, olives, fruits, fourrages, pâturages, mulets, chevaux, mérinos; mines de plomb, de cuivre mêlé d'un peu d'or et d'argent, soufre, vitriol.

159—Dixième département, *Hérault*.

Lieues carrées, 320; habitants, 339,560; arrondissements, 4; cantons, 36; communes, 334; chef-lieu, Montpellier, 35,842 âmes.

Pays de vignobles, plantes tinctoriales, la garance, quelques olives, mûriers, amandiers, céréales, belles laines, eau-de-vie, alcool.

160—Onzième département, *Tarn*.

Lieues carrées, 327; habitants, 327,655; arrondissements, 4; cantons, 35; communes, 338; chef-lieu, Alby, 10,993 âmes.

Sol généralement fertile, blé froment, orge, seigle, anis, vins, coriandre, pastel, mines de divers métaux.

161—Douzième département, *Gers*.

Lieues carrées, 340, habitants, 307,601; arrondissements, 5; cantons, 29; communes, 529; chef-lieu, Auch, 10,844 âmes.

Sol montagneux, peu fertile en grains, nombreux pâturages; beaucoup d'élèves, la richesse du pays; peu de vins, peu de minéraux; commerce assez étendu.

162—Treizième département, *Landes*.

Lieues carrées, 478; habitants, 265,309; arrondissements, 3; cantons, 28; communes, 352; chef-lieu, Mont-de-Marsan, 3,088 âmes.

La partie la plus considérable du département est couverte

de landes, le sol est sablonneux, quelques parties sont couvertes de marais malsains; cependant toutes les terres sont susceptibles de recevoir de la culture, bien que jusqu'à présent elle ait été nulle. Dans les bons sols du département on cultive des céréales, du vin, du safran; les pins, les chênes à liége abondent. Les mœurs des habitants des Landes sont presque sauvages.

163—Quatorzième département, *Gard*.

Lieues carrées, 291; habitants, 347,550; arrondissements, 4; cantons, 38; communes, 343; chef-lieu, Nîmes, 39,068 âmes.

Sol marécageux au sud, montagneux au nord-ouest; blé, beaucoup de vins, plantes tinctoriales, fruits, miel, vers à soie; mines de fer, de cuivre, d'antimoine, de cobalt, de marbre, de sel. L'industrie de la soie a une grande activité dans ce département, dans lequel on trouve beaucoup d'antiquités romaines.

164—Quinzième département, *Tarn-et-Garonne*.

Lieues carrées, 280; habitants, 241,586; arrondissements, 3; cantons, 24; communes, 193; chef-lieu, Montauban, 25,466 âmes.

Sol fertile, bon air, grains, vins de bonne qualité, tabac, safran, pastel, mûrier, cire, miel, beaucoup de volailles. Le commerce est actif.

165—Seizième département, *Vaucluse*.

Lieues carrées, 185; habitants, 233,048; arrondissements, 4; cantons, 22; communes, 150; chef-lieu, Avignon, 31,180 âmes.

Collines, marécages, plaines, petites montagnes : le mont Ventoux a 2,000 mètres de hauteur; fontaine de Vaucluse; sol très-fertile, climat salubre, céréales, olives, mûriers, soie, garance, vins, forêts. Agriculture négligée, mais sol parfait, commerce actif.

166—Dix-septième département, *Lot-et-Garonne.*

Lieues carrées, 245 ; habitants, 336,886 ; arrondissements, 4 ; cantons, 35 ; communes, 288 ; chef-lieu, Agen, 11,971 âmes.

Sol très-fertile, air pur, climat agréable ; céréales, vins, chanvre, tabac ; beaucoup d'activité dans le commerce. Les habitants sont d'une petite taille, forts et robustes ; ils vivent longtemps.

167—Dix-huitième département, *Aveyron.*

Lieues carrées, 464; habitants, 350,014 ; arrondissements, 5 ; cantons, 42 ; communes, 584 ; chef-lieu, Rodez, 7,747 âmes.

Sol élevé, hiver rigoureux, air froid et salubre, terrain peu fertile et mal cultivé ; vins de peu de qualité, peu de froment, grains divers, vers à soie, bestiaux, élèves chevaux et mulets, bon beurre, bon fromage ; activité dans le commerce.

168—Dix-neuvième département, *Lozère.*

Lieues carrées, 270 ; habitants, 138,775 ; arrondissements, 3 ; cantons, 24 ; communes, 192 ; chef-lieu, Mende, 5,445 âmes.

Pays hérissé de montagnes, humide, lieu des plus pauvres pour ne pas dire le plus pauvre de France. Ses plus grands produits sont les châtaignes, les pommes de terre ; il donne peu de vins, les pâturages y sont abondants et bons : si on savait en tirer parti, ils pourraient enrichir le pays. On trouve dans la Lozère des sapins d'une grande hauteur ; le commerce y est presque nul.

169—Vingtième département, *Ardèche.*

Lieues carrées, 240 ; habitants, 338,419 ; arrondissements, 3 ; cantons, 31 ; communes, 328 ; chef-lieu, Privas, 4,199 âmes.

Pays montagneux, produisant des grains, du vin, beaucoup

de mûriers ; mais, comme dans tous les pays séricicoles, le mûrier n'y rend pas le quart de ce qu'il devrait y donner, parce que les vers à soie sont mal traités. L'Ardèche contient des mines de cuivre, de plomb, de fer ; l'industrie y est active, on y trouve grand nombre de fabriques de filatures de soie. Les communications manquent au commerce dans bien des localités de ce département, cependant elles s'y améliorent chaque jour.

170—Vingt-unième département, *Drôme*.

Lieues carrées, 336 ; habitants, 285,791 ; arrondissements, 4 ; cantons, 28 ; communes, 359 ; chef-lieu, Valence, 15,000 âmes.

Une grande partie de ce département est couverte de montagnes et de coteaux. Le sol est généralement maigre, sablonneux ; cependant le nord du département et quelques plaines du midi sont assez bons. Céréales pour la consommation, vins passables, il y en a même de très-bons (vin de l'Hermitage), mûriers, grande quantité de vers à soie : là, comme partout où l'on élève des insectes séricicoles, ils ne donnent pas ce qu'ils devraient rendre, parce que les éleveurs manquent de savoir. C'est cependant là la richesse du pays, bien que les habitants puissent avec du travail, du savoir, en trouver une seconde dans les autres produits du sol, qui n'est pas aussi mauvais que l'on pourrait le croire. La Drôme fait un grand commerce de soie ; c'est elle qui fournit en partie la fabrication de Lyon.

171—Vingt-deuxième département, *Hautes-Alpes*.

Lieues carrées, 250 ; habitants, 125,329 ; arrondissements, 3 ; cantons, 24 ; communes, 189 ; chef-lieu, Gap, 7,015 âmes.

Ce département est couvert de très-hautes montagnes ; il est riche en mines de cuivre, de plomb, de cristal de roche ; il est peu fertile, il fournit peu de grains, il donne une grande quantité de pommes de terre, les pâturages y sont bons, ils nourrissent de beaux et bons moutons. Beaucoup de forêts de pins, de mélèzes ; peu de commerce : les habitants y sont cependant heureux, honnêtes gens, parce qu'ils savent vivre de peu, en famille, et se transmettre de père en fils leur philosophie et leur instruction.

172—Vingt-troisième département, *Lot.*

Lieues carrées, 270; habitants, 280,515; arrondissements, 3; cantons, 29; communes, 319; chef-lieu, Cahors, 12,113 âmes.

Montagneux, fertile en grains, bons vins, noix, fourrages; élèves chevaux, vers à soie, culture du safran, porcs; commerce étendu.

173—Vingt-quatrième département, *Gironde.*

Lieues carrées, 550; habitants, 538,151; arrondissements, 6; cantons, 48; communes, 542; chef-lieu, Bordeaux, ville de près de 100,000 âmes (93,549).

Beaucoup de grains, beaucoup de vins d'excellente qualité; peu d'industrie manufacturière, mais on y fait un grand commerce de vins, d'eau-de-vie et de denrées coloniales.

174—Vingt-cinquième département, *Dordogne.*

Lieues carrées, 480; habitants, 464,074; arrondissements, 5; cantons, 47; communes, 600; chef-lieu, Périgueux, 8,588 âmes.

Beaucoup de petites montagnes : le département est coupé de vallons; sol sec, aride, pierreux, produisant peu de grains, beaucoup de châtaignes, de bons champignons, de bonnes truffes; on y élève des porcs, des dindons; mines de fer, de plomb, de cuivre; l'industrie, le commerce y sont assez actifs.

Ce sont là les vingt-cinq départements qui composent la région du Sud ou du midi de la France; nous allons passer à celle du Centre.

175—Vingt-sixième département, *Cantal.*

Lieues carrées, 253; habitants, 262,013; arrondissements,

4; cantons, 23; communes, 270; chef-lieu, Aurillac, 9,576 âmes.

Sol montagneux, climat froid, peu fertile : la neige y règne la plus grande partie de l'année ; les produits sont du seigle, de l'orge, du sarrasin, de l'avoine, des châtaignes et des noix ; les pâturages sont bons, beaucoup de bestiaux, du laitage : les fromages du Cantal sont estimés ; mines de cuivre ; carrières d'ardoises ; peu d'industrie et de commerce.

176—Vingt-septième département, *Haute-Loire*.

Lieues carrées, 267 ; habitants, 286,000 ; arrondissements, 3; cantons, 18 ; communes, 272 ; chef-lieu, le Puy, 14,998 âmes.

Le sol est montagneux, l'air froid ; il produits des grains, peu de vins ; les pâturages y sont abondants et bons, on y élève en grand des mulets ; mines de plomb, de fer, de cuivre, d'antimoine, de houille ; l'industrie et le commerce n'y sont pas trop actifs.

177—Vingt-huitième département, *Isère*.

Lieues carrées, 433 ; habitants, 525,000 ; arrondissements, 4; cantons, 44 ; communes, 557 ; chef-lieu, Grenoble, 22,149 âmes.

Le département de l'Isère produit des grains, des vins légers et acides, quelques mûriers, beaucoup de noix, du chanvre ; l'arrondissement de Saint-Marcelin donne de bons vins; fourrages, herbages ; mulets, bœufs, moutons; mines de plomb, de fer, de cuivre et nickel ; l'industrie et le commerce y sont assez actifs.

178—Vingt-neuvième département, *Corrèze*.

Lieues carrées, 300 ; habitants, 284,882 ; arrondissements, 3; cantons, 19 ; communes, 294 ; chef-lieu, Tulle, 8,479 âmes.

Montagneux, peu fertile ; du seigle, du sarrasin, du chanvre ; le midi du département donne du bon vin, des noix, d'excellents pâturages; on y élève des bestiaux, le bois y est abondant; mines de cuivre, de plomb, de fer, peu d'industrie et de commerce.

179—Trentième département, *Loire.*

Lieues carrées, 260; habitants, 369,298; arrondissements, 3; cantons, 28; communes, 272; chef-lieu, Montbrison, 5,136 âmes.

Sol montagneux, produisant beaucoup de grains, de chanvre, de noix, de vins excellents, de la térébenthine, par conséquent des bois de construction; de riches houillères, des mines de fer, de plomb; industrie très-active, commerce animé.

180—Trente-unième département, *Puy-de-Dôme.*

Lieues carrées, 425; habitants, 566,573; arrondissements, 5; cantons, 50; chef-lieu, Clermont-Ferrand, 30,110 âmes.

L'est et le sud de ce département sont montagneux et donnent beaucoup de bois; le reste du département consiste en plaines magnifiques, très-fertiles, mais mal exploitées; le sol est abondant et productif en céréales, vins, noix; bons pâturages, bestiaux de toute espèce : élèves chevaux, mulets; mines de fer, de plomb, de houille; eaux minérales; commerce assez animé.

181—Trente-deuxième département, *Haute-Vienne.*

Lieues carrées, 303 habitants, 276,351; arrondissements, 4; cantons, 27; communes, 221; chef-lieu, Limoges, 25,612 âmes.

Sol montagneux, air froid, terrain peu fertile, produisant du seigle, du sarrasin, du maïs, peu de vin, de bonnes prairies; on y élève du gros bétail, des mulets, des bœufs; les châtaignes nourrissent une partie des habitants; mines de cuivre, d'étain, de plomb, de fer, de houille; carrières de kaolin pour faire la porcelaine; industrie sur la porcelaine; commerce assez actif.

182—Trente-troisième département, *Charente*.

Lieues carrées, 286; habitants, 353,653; arrondissements, 5; cantons, 29; communes, 444; chef-lieu, Angoulême, 15,306 âmes.

Hautes collines, sol aride, climat sain, terrain sillonné par des cours d'eaux qui le déchirent dans tous les sens; assez de grains, de vins, eaux-de-vie de bonne qualité, lin, safran; pâturages abondants, nombreux bestiaux; bois de construction, mines de fer; industrie, commerce actif.

183—Trente-quatrième département, *Rhône*.

Lieues carrées, 147; habitants, 416,575; arrondissements, 2; cantons, 25; communes, 254; chef-lieu, Lyon, 145,675 âmes.

Le sol est fertile sur certains points, il ne l'est pas sur certains autres; il produit peu de céréales, du vin assez bon; les pâturages ou fourrages nourrissent beaucoup de bœufs et moutons. Au nord sont des forêts de sapin. Mines de cuivre. L'industrie de ce département pour les étoffes de soie est sans rivalité dans le monde entier. Lyon, le chef-lieu, est la première ville de commerce de France.

184—Trente-cinquième département, *Creuse*.

Lieues carrées, 298; habitants, 252,932; arrondissements, 4; cantons, 25; communes, 209; chef-lieu, Guéret, 3,448 âmes.

Le sol est aride, montueux, mal cultivé; il ne donne qu'une petite quantité de seigle et d'avoine, du vin et des pommes de terre; les pâturages sont bons, mais l'on n'en tire pas le parti que l'on pourrait en tirer. On trouve des mines de houille, des carrières de marbre, des eaux minérales, peu d'industrie et de commerce. Un bon travail de culture pourrait tripler la production de ce pauvre département, car il n'y a pas sur la surface de la terre large comme la main de terre naturelle, quelque mauvaise que soit sa nature, qui puisse résister seulement deux années à l'action puissante d'une bonne agriculture.

185—Trente-sixième département, *Ain.*

Lieues carrées, 283 ; habitants, 341,628 ; arrondissements, 5 ; cantons, 35 ; communes, 432 ; chef-lieu, Bourg, 8,424 âmes.

Monts rocailleux, étangs, marais, air pur et sain ; la terre cultivable donne à peine assez de grains, de vins pour les besoins de la population : on cultive cependant le maïs en grand, et on le fait consommer à la volaille, qui est excellente. Il y a des pâturages avec lesquels on élève des chevaux et du menu bétail, des porcs. Le commerce de toiles, des cuirs, de tapis, des nankins, des clous, est assez étendu.

186—Trente-septième département, *Allier.*

Lieues carrées, 373 ; habitants, 285,302 ; arrondissements, 4 ; cantons, 27 ; communes, 350 ; chef-lieu, Moulins, 14,525 âmes.

Marais, air peu sain, sol mal cultivé, donnant cependant assez de grains, de vins, de pommes de terre ; les pâturages y sont bons, on pourrait y élever beaucoup de bestiaux en augmentant les fourrages qui ne demandent qu'à être bien cultivés pour prospérer. Mines de plomb, de fer, d'étain, d'antimoine ; carrières de carbonate de chaux, de marbre ; peu d'industrie, peu de commerce.

187—Trente-huitième département, *Jura.*

Lieues carrées, 256 ; habitants, 320,282 ; arrondissements, 4 ; cantons, 32 ; communes, 596 ; chef-lieu, Lons-le-Saulnier 7,864 âmes.

Assez hautes montagnes, grains, vins, pâturages excellents, chevaux de trait et bêtes à laine ; vastes forêts, mines de plomb, de fer, de houille ; carrières de sel, de marbre; l'industrie et le commerce sont actifs.

188—Trente-neuvième département, *Saône-et-Loire.*

Lieues carrées, 450 ; habitants, 515,776 ; arrondissements, 5; cantons, 48; communes, 602; chef-lieu, Mâcon, 10,967 âmes.

Montagnes, collines très-fertiles en grains et en vins excellents ; noix, fourrages, bestiaux ; bêtes ovines; mines de plomb, de fer, de manganèse et de houille; carrières de pierres de taille; l'industrie et le commerce très-actifs.

189—Quarantième département, *Indre.*

Lieues carrées, 352; habitants, 237,628 ; arrondissements, 4; cantons, 28; communes, 274; chef-lieu, Châteauroux, 11,010 âmes.

Marais, étangs; climat tempéré, mais peu sain; le sol produit assez de grains, de lin, de noix, de pommes de terre, du vin; les pâturages sont bons; les bois, les forêts abondent. On y élève des moutons, des oies. Mines de fer; industrie et commerce assez actifs.

190—Quarante-unième département, *Doubs.*

Lieues carrées, 265 ; habitants, 254,514 ; arrondissements, 4 ; cantons, 27 ; communes, 640 ; chef-lieu, Besançon, 28,795 âmes.

Montagnes arides, vallées, plaines assez fertiles, peu de grains et de vins; culture du mérisier, sapins, chênes; industrie, commerce important, mauvaise agriculture.

191—Quarante-deuxième département, *Nièvre.*

Lieues carrées, 373, habitants, 271,777 ; arrondissements, 4; cantons, 25; communes, 351; chef-lieu, Nevers, 15,782 âmes.

Bon sol fournissant beaucoup de grains, de vins, du chanvre, des noix; les forêts sont belles, les pâturages sont magnifiques, les bestiaux sont nombreux. Mines de fer, de plomb; l'industrie et le commerce sont très-actifs.

192—Quarante-troisième département, *Cher.*

Lieues carrées, 370; habitants, 284,589; arrondissements, 3; cantons, 29; communes, 304; chef-lieu, Bourges, 19,500 âmes.

L'agriculture est abandonnée à la routine; cependant le sol produit beaucoup de grains, du vin, du chanvre, des noix, des fruits. Le pays est boisé, les pâturages ou fourrages abondants nourrissent grand nombre de bêtes ovines ayant de la belle laine et de bonne chair; le gibier, la volaille abondent dans le Cher. Il fournit une partie de son approvisionnement à la ville de Paris.

193—Quarante-quatrième département, *Indre-et-Loire.*

Lieues carrées, 342; habitants, 290,160; arrondissements, 3; cantons, 24; communes, 302; chef-lieu, Tours, 20,920 âmes.

Ce département est l'un des plus fertiles de la France; de nombreux ruisseaux ou rivières l'arrosent; sa végétation est on ne peut plus belle; il produit des céréales, du vin, des plantes tinctoriales; il a des forêts assez étendues; les fruits y abondent : c'est de là qu'arrivent les bons melons à Paris, les bons pruneaux de Tours et le miel; l'industrie et le commerce y sont extrêmement animés.

194—Quarante-cinquième département, *Loir-et-Cher.*

Lieues carrées, 330; habitants, 230,666; arrondissements, 3; cantons, 24; communes, 300; chef-lieu, Blois; 11,337 âmes.

Au nord de la Loire, le sol est fertile; au sud, il est stérile, parce qu'il n'est pas cultivé; les plus mauvais sols sont susceptibles de culture. Dans les mauvaises parties de ce département, l'éducation des bestiaux, des bêtes à cornes, est presque la seule ressource des habitants ; les bonnes collines sont couvertes de vignes; l'industrie le commerce n'y manquent pas d'activité.

195—Quarante-sixième département, *Côte-d'Or*.

Lieues carrées, 459; habitants, 370,000; arrondissements, 4; cantons, 36; communes, 727; chef-lieu, Dijon, 23,845 âmes.

Sol varié, grains de toute espèce, collines couvertes de vignobles, vins agréables à boire, bons pâturages, races ovines en progrès d'amélioration: la culture de la vigne est le travail le plus habituel des habitants; cependant l'industrie est bonne et le commerce actif.

196—Quarante-septième département, *Haute-Saône*.

Lieues carrées, 280; habitants, 327,641; arrondissements, 3; cantons, 36; communes, 571; chef-lieu, Vesoul, 5,252 âmes.

Collines, montagnes, vallées et plaines; assez de grains, de vin; culture en grand de la pomme de terre, nombreux élèves de chevaux de trait, bois, peu de bêtes ovines; l'industrie et le commerce assez actifs.

197—Quarante-huitième département, *Yonne*.

Lieues carrées, 370; habitants, 342,115; arrondissements, 5, cantons, 37; communes, 479; chef-lieu, Auxerre, 12,348 âmes.

Sol fertile, grains, vins estimés, excellents pâturages, nombreux bestiaux, beaucoup de bois; l'industrie et le commerce pourraient avoir plus d'activité.

198—Quarante-neuvième département, *Sarthe*.

Lieues carrées, 330; habitants, 446,519; arrondissements, 4 ; cantons, 32 ; communes, 414 ; chef-lieu, le Mans; 19,477 âmes.

Pays de landes, de terres maigres, peu de grains, peu de vin : les coteaux fournissent cependant de bons vins blancs ; on élève des troupeaux, des abeilles, des volailles. Le grand défaut des terrains de la Sarthe est de n'être que peu ou pas du tout cultivés ; car, à moins qu'ils ne soient tous composés de marne ou de craie, ils sont susceptibles de culture.

199—Cinquantième département, *Loiret.*

Lieues carrées, 357 ; habitants, 304,228 ; arrondissements, 4 ; cantons, 30 ; communes, 358 ; chef-lieu, Orléans, 40,340 âmes.

Sol fertile en grains, vins, safran, fruits, moutons, mérinos et abeilles ; fabrication d'eau-de-vie, de vinaigre ; forêt d'Orléans ; commerce très-actif.

Là finit la deuxième région ; nous passons à la troisième, celle des herbages, des élèves de toute espèce, de la viande de boucherie et du cidre.

200—Cinquante-unième département, *Charente-Inférieure*

Lieues carrées, 335 ; habitants, 424,147 ; arrondissements, 6 ; cantons, 39 ; communes, 490 ; La Rochelle, 11,073.

Plaines immenses sur les côtes de la mer ; grande quantité de vin, de chanvre, de beaux et gras pâturages, de nombreuses bêtes à cornes, des marais salants d'où l'on extrait un excellent sel ; l'air n'est pas très-sain ; beaucoup de bois de construction, propre à la marine ; industrie, commerce actif.

201—Cinquante-deuxième département, *Deux-Sèvres.*

Lieues carrées, 320 ; habitants, 288,260 ; arrondissements, 4 ; cantons, 31 ; communes, 364 ; chef-lieu, Niort, 15,799.

Sol varié, fertile, grains, vin, pâturages, nombreux troupeaux, mulets, cours d'eau, belles forêts, climat agréable ;

salpêtre, fer, antimoine; peu d'industrie, un peu plus de commerce.

202—Cinquante-troisième département, *Vendée*.

Lieues carrées, 365; habitants, 322,826; arrondissements, 3; cantons, 36; communes, 316; chef-lieu, Bourbon-Vendée, 3,129 âmes.

Ce département se divise en trois parties : le bocage, le marais et la plaine; la première partie a une très-grande quantité de bois : cependant elle donne du blé, du vin et des pâturages; la plaine produit des grains en abondance, du vin, du lin; le marais donne des légumes secs, du beau blé. Les bestiaux sont nombreux et beaux dans toute la Vendée : les mulets y sont très-robustes. Le département contient des marais salants. En général, ce département est riche par ses produits.

203—Cinquante-quatrième département, *Vienne*.

Lieues carrées, 370; habitants, 267,670; arrondissements, 5; cantons, 31; communes, 304; chef-lieu, Poitiers, 21,362 âmes.

Terrain coupé de coteaux, de plaines, de landes et de bruyères; grains, chanvre, lin, châtaignes, pâturages, très-peu de forêts; élèves de chevaux, mulets, ânes; volailles, abeilles; mines de fer, de houille; commerce actif.

204—Cinquante-cinquième département, *Maine-et-Loire*.

Lieues carrées, 380; habitants, 458,674; arrondissements, 5; cantons, 34; communes, 356; chef-lieu, Angers, 29,987 ames.

C'est un des plus beaux et de plus fertiles de la France; son sol, coupé de collines donne des céréales, de bons légumes secs, du lin, du chanvre, des pâturages, des fourrages nourrissants; grand nombre de bœufs, de vaches et de moutons; poissons, gibier, volailles, abeilles; mines de fer, de houille;

commerce actif, tout semble se réunir pour favoriser ce département privilégié, dont le climat est sain et tempéré.

205—Cinquante-sixième département, *Loire-Inférieure.*

Lieues carrées, 388; habitants, 357,060; arrondissements, 5; cantons, 65; communes, 290; chef-lieu, Nantes, 71,739 âmes.

Vingt-cinq lieues de côtes sur l'Océan : le sol en est assez fertile, il donne des grains, du sarrasin, du lin, du vin, de bons pâturages; de nombreux bestiaux; de la cire, du miel; des marais salants; des mines de fer, d'antimoine, d'étain, de houille. Son commerce est très-étendu.

206—Cinquante-septième département, *Morbihan.*

Lieues carrées, 355; habitants, 427,445; arrondissements, 4; cantons, 37; communes, 227; chef-lieu, Vannes, 11,289 âmes.

Sol varié, peu fertile en grain, il produit du lin, du chanvre, des pâturages ou fourrages; chevaux, bétail, abeilles; marais salants en grand nombre; mines de plomb et de houille. L'extraction du sel occupe presque tous les bras. Le commerce est actif.

207—Cinquante-huitième département, *Mayenne.*

Lieues carrées, 275; habitants, 354,138; arrondissements, 3; cantons, 25; communes, 288; chef-lieu, Laval, 15,840 âmes.

Pays montueux boisé, assez fertile en céréales; lin, chanvre, pommes de terre, cidre; on y élève des abeilles, des troupeaux, de la volaille; mines de fer; carrières de marbre, de terre de pipe, de kaolin. L'industrie, le commerce y ont de l'activité.

208—Cinquante-neuvième département, *Ille-et-Vilaine.*

Lieues carrées, 347; habitants, 553,453; arrondissements, 6;

cantons, 43; communes, 352; chef-lieu, Rennes, 29,377 âmes.

Sol peu fertile, peu de blé, beaucoup de sarrasin, de pommes de terre, de cidre, du chanvre, du lin; plantes oléagineuses à basses tiges; d'excellents pâturages, de nombreux bestiaux, du bon lait, du beurre, du fromage s'exportant à Paris. Industrie et commerce très-actifs.

209—Soixantième département, *Côtes-du-Nord.*

Lieues carrées, 355; habitants, 581,684; arrondissements, 5; cantons, 48; communes, 375; chef-lieu, Saint-Brieuc, 9,963 âmes.

Landes, bruyères, assez de grains, pommes à cidre, du lin, du chanvre; plantes bulbeuses, oléagineuses; pâturages, bestiaux; industrie de la toile; commerce actif.

210—Soixante-unième département, *Finistère.*

Lieues carrées, 360; habitants, 502,851; arrondissements, 5; cantons, 41; communes, 287; chef-lieu, Quimper, 10,132 âmes.

Les grains sont rares dans le département du Finistère; cidre, lin, chanvre, tabac, très-bons et très-abondants; pâturages; nombreux bestiaux; plantes oléagineuses et bulbeuses; commerce du beurre, des sardines; mines de plomb, de zinc, de fer; pierres à aiguiser.

211—Soixante-deuxième département, *Orne.*

Lieues carrées, 320; habitants, 434,379; arrondissements, 4; cantons, 36; communes, 597; chef-lieu, Alençon, 14,071 âmes.

Sol montueux, les parties basses sont humides; blé, pommes de terre et autres plantes bulbeuses, plantes oléagineuses à basses tiges, chanvre, lin, cidre, bois, pâturages; chevaux, porcs. Commerce très-actif.

212—Soixante-troisième département, *Calvados.*

Lieues carrées, 288 ; habitants, 500,956 : arrondissements, 6 ; cantons, 37 ; communes , 874 ; chef-lieu , Caen, 38,561 âmes.

Beaux et bons pâturages ; nombreux bestiaux, moutons anglais ; pommes de terre, grains, céréales, plantes bulbeuses et oléagineuses, lin , chanvre ; beurre, fromage, volailles ; commerce actif.

213—Soixante-quatrième département, *Manche.*

Lieues carrées, 330 ; habitants, 611,206 ; arrondissements, 6 ; cantons, 48 ; communes, 779 ; chef-lieu , Saint-Lô, 8,509 âmes.

Terrain sablonneux , marécageux , assez de grains , beaucoup de pâturages, de bestiaux de tout genre, chevaux, porcs ; pommes à cidre ; plantes bulbeuses, oléagineuses à basses tiges ; volailles ; soude, sel ; mines de plomb, de fer, de houille ; commerce assez actif.

214—Soixante-cinquième département, *Eure.*

Lieues carrées, 350 ; habitants, 421,665 ; arrondissements, 5 ; cantons; 36, communes, 798 ; chef-lieu, Évreux, 9,729 âmes.

Sol fertile, grains, pâturages, prairies artificielles ; chevaux, bœufs magnifiques ; cidre ; bois, plantes bulbeuses, oléagineuses ; fer ; industrie active, commerce animé.

215—Soixante-sixième département, *Seine-Inférieure.*

Lieues carrées, 320 ; habitants, 688,295 ; arrondissements, 5 ; cantons, 50 ; communes, 777 ; chef-lieu Rouen ; 90,000 âmes.

Blé, lin, poires, pommes à cidre, beaux pâturages ; bestiaux, excellents chevaux ; plantes bulbeuses, oléagineuses ;

mines de plomb; industrie et commerce très-actifs: en un mot, c'est l'un de nos meilleurs départements.

Ces seize départements forment la troisième région, celle des herbages et du cidre: nous arrivons à la quatrième, celle du Nord, donnant du blé, des produits oléagineux à basses tiges, des produits bulbeux, du houblon, du chanvre et du lin.

216—Soixante-septième département, *Haute-Marne.*

Lieues carrées, 325; habitants, 244,823; arrondissements, 3; cantons, 28; communes, 552; chef-lieu, Chaumont, 6,027 âmes.

Grande quantité de céréales, vin, pâturages, fourrages; chevaux, bestiaux de toute espèce; plantes oléagineuses, bulbeuses, chanvre, lin, houblon; dindons; l'industrie y est grande. Les mauvais chemins dérangent un peu l'activité du commerce.

217—Soixante-huitième département, *Haut-Rhin.*

Lieues carrées, 200; habitants, 408,741; arrondissements, 3; cantons, 29; communes, 493; chef-lieu, Colmar, 10,753 âmes.

Sol varié, pas naturellement très-fertile, grains, plantes oléagineuses, bulbeuses, chanvre, lin, tabac, vin; mines de fer, de cuivre, de plomb, de houille; l'industrie et le commerce très-actifs.

218—Soixante-neuvième département, *Vosges.*

Lieues carrées, 300; habitants, 379,839; arrondissements, 5; cantons, 30; communes, 549; chef-lieu, Epinal, 7,951 âmes.

Montagnes, belles forêts, excellents pâturages, bestiaux, assez de grains, plantes oléagineuses et bulbeuses, houblon; mines de fer, de plomb, de cobalt, de manganèse. Industrie, commerce assez actifs. Manque de chemins de communication.

219—Soixante-dixième département, *Aube.*

Lieues carrées, 300 ; habitants, 241,762 ; arrondissements, 5 ; cantons, 26 ; communes, 450 ; chef-lieu, Troyes, 25,587 âmes.

Sol aride, crayeux, très-peu de grains, pommes de terre, fruits, bon vin, pâturages, bestiaux, étangs poissonneux, peu de bois : il serait cependant facile de s'en procurer par la plantation d'arbres résineux. Commerce actif.

220—Soixante-onzième département, *Eure-et-Loir.*

Lieues carrées, 310 ; habitants, 277,782 ; arrondissements, 4 ; cantons, 24 ; communes, 454 ; chef-lieu, Chartres, 13,703 âmes.

Plaines peu favorables à la vigne, mais très-fertiles en grains. Ce sont les blés de ce département qui approvisionnent en partie la ville de Paris. Très-bons pâturages, bestiaux, moutons. Tous les produits de la région du Nord y prospèrent : industrie variée, commerce animé.

221—Soixante-douzième département, *Seine-et-Oise.*

Lieues carrées, 286 ; habitants, 440,871 ; arrondissements, 6 ; cantons, 36 ; communes, 692 ; chef-lieu, Versailles, 29,701 âmes.

Grains, vins de mauvaise qualité, excellents fruits, bons pâturages, bestiaux. Le commerce consiste principalement à transporter des comestibles à Paris. Craie, gypse, pierre à bâtir.

222—Soixante-treizième département, *Seine-et-Marne.*

Lieues carrées, 302 ; habitants, 318,209 ; arrondissements, 5 ; cantons, 29 ; communes, 556 ; chef-lieu, Melun, 7,199 âmes.

Sol fertile, grains, vin, pâturages, bestiaux, plantes oléagineuses, bulbeuses, bon beurre, fromage de Brie; forêts; grès à pavé, pierres meulières; industrie lente, commerce actif.

223—Soixante-quatorzième département, *Seine*.

Lieues carrées, 25; habitants, 1,110,000; arrondissements, 3; cantons, 20; communes, 79; chef-lieu, Paris, capitale de la France, 900,000 âmes.

Ce département est enclavé dans celui de Seine-et-Oise. Il se compose de Paris et de ses environs dans un rayon de deux lieues. Le sol est généralement siliceux et maigre ; sa superficie seule est productive, parce qu'elle est chargée chaque année des engrais que lui fournit Paris. Cette faible couche végétale vient de ce qu'on a toujours laissé les engrais à la surface au lieu de les enfouir profondément pour former une forte couche végétale. On cultive sur ce sol des légumes, des fruits, des fleurs qui se vendent à Paris. Le peu de vin qu'il produit est de mauvaise qualité. Il contient d'abondantes carrières de plâtre, excellent pour les bâtisses. On y élève et améliore les races de chevaux, la race ovine ; l'industrie manufacturière y est immense ; le commerce intérieur et extérieur est extrêmement actif.

224—Soixante-quinzième département, *Marne*.

Lieues carrées, 425 ; habitants, 325,045; arrondissements, 5 ; cantons, 32 ; communes, 673 ; chef-lieu, Châlons-sur-Marne, 12,419 âmes.

Sol crayeux, caillouteux et sablonneux ; céréales, vin, que l'on nomme vin de Champagne, pâturages , nombreux troupeaux, peu de bois, commerce de vin très-étendu, marnes, pierres meulières.

225—Soixante-seizième département, *Meuse*.

Lieues carrées, 318 ; habitants, 306,339; arrondissements, 4; cantons, 28; communes, 589; chef-lieu, Bar-le-Duc, 12,520 âmes.

Assez bon sol, air épais, froid, grains, vin, fruits, chanvre, plantes bulbeuses, oléagineuses, bois, pâturages, bestiaux, houblon, mines de fer. L'industrie y augmente, le commerce y a de l'activité.

226—Soixante-dix-septième département, *Meurthe*.

Lieues carrées, 320; habitants, 403,038; arrondissements, 5; cantons, 29; communes, 714; chef-lieu, Nancy, 29,122 âmes.

Sol montueux, beaucoup de céréales, de chanvre, de tabac, plantes bulbeuses, oléagineuses, vin de médiocre qualité, bois, pâturages, chevaux, bœufs, porcs, gibier; mines de sel gemme, autres salines, fer, houille; industrie variée, commerce actif.

227—Soixante-dix-huitième département, *Bas-Rhin*.

Lieues carrées, 240; habitants, 535,467; arrondissements, 5; cantons, 33; communes, 544; chef-lieu, Strasbourg, 49,708 âmes. Place forte de première classe.

Terrain léger, montagneux, naturellement peu fertile; grains, vin, tabac, plantes oléagineuses, bulbeuses, plantes potagères, fourrages; chevaux, bœufs, porcs; industrie très-active, grand commerce. Si les cultivateurs de ce pays, au lieu de faire de si grands frais d'attelages de chevaux, employaient les bœufs à la charrue, ils seraient bien plus à leur aise, surtout si les propriétaires s'entendaient pour échanger entre eux les différentes parcelles qui forment leurs propriétés.

228—Soixante-dix-neuvième département, *Moselle*.

Lieues carrées, 332; habitants, 409,155; arrondissements, 4; cantons, 27; communes, 571; chef-lieu, Metz, 45,276 âmes; place forte de première classe.

Sol inégal, boisé, assez bien cultivé; grains, vin, fourrages, bestiaux, eau-de-vie, vinaigre; plantes bulbeuses, oléagineuses; mines de plomb, de fer, de houille; commerce actif.

229—Quatre-vingtième département, *Oise.*

Lieues carrées, 304 ; habitants, 385,124 ; arrondissements, 4; cantons, 35; communes, 529; chef-lieu, Beauvais, 12,865 âmes.

Collines, plaines, sol produisant grains, chanvre, pommes à cidre, plantes oléagineuses et bulbeuses, légumes, pâturages, lin, forêts, bestiaux, bêtes ovines, laine; industrie, commerce très-actifs.

230—Quatre-vingt-unième département, *Aisne.*

Lieues carrées, 379 ; habitants, 489,560 ; arrondissements, 5; cantons, 37; communes, 848; chef-lieu, Laon, 7,354 âmes.

Sol fertile, blé, légumes secs, lin, poiriers, pommiers pour cidre, plantes oléagineuses, bulbeuses, prairies, bestiaux, troupeaux, bois, forêts; industrie et commerce actifs.

231—Quatre-vingt-deuxième département, *Ardennes.*

Lieues carrées, 275 ; habitants, 282,000; arrondissements, 5 ; cantons, 31 ; communes, 403; chef-lieu, Mézières, place forte, 4,159 âmes.

Sol boisé; céréales, chanvre; plantes bulbeuses et oléagineuses; fruits, pâturages, bestiaux, moutons, abeilles; mines de plomb, de fer, de houille; carrières d'ardoises; industrie et commerce actifs. Manque de voies de communication.

232—Quatre-vingt-troisième département, *Somme.*

Lieues carrées, 312; habitants, 526,282; arrondissements, 5; cantons, 41 ; communes, 839; chef-lieu, Amiens, 42,032 âmes.

Assez bon sol, grains, lin, chanvre, pommes pour cidre, graines oléagineuses, plantes bulbeuses, bois pâturages; bœufs, moutons, volailles. Industrie active, commerce important.

233—Quatre-vingt-quatrième département, *Pas-de-Calais*

Lieues carrées, 330; habitants, 642,969; arrondissements, 6; cantons, 43; communes, 904; chef-lieu, Arras; 22,173 âmes,

Pays plat, sol humide et froid; grains, plantes bulbeuses, grains oléagineux, houblon, pâturage, bestiaux, sucre de betterave; assez bonne culture. L'huile de graine, la bière, le sucre, sont les principales productions de l'industrie. Le commerce est très-actif.

234—Quatre-vingt-cinquième département, *Nord.*

Lieues carrées, 300; habitants, 962,648; arrondissements, 7; cantons, 60; communes, 658; chef-lieu, Lille, 69,860 âmes, place forte de première classe.

Sol fertile, grains, chanvre, lin, tabac, houblon, graines oléagineuses, plantes bulbeuses, orge, excellents pâturages, chevaux, bestiaux de toute espèce, moutons, laines, porcs, beurre, eau-de-vie de grains, sucre. L'industrie et le commerce y sont en grande activité; l'agriculture n'y est pas mauvaise, cependant elle peut encore doubler ses produits en l'améliorant purement et simplement comme le prescrit notre ouvrage, et il n'y a pas un département en France qui ne puisse en faire au moins autant, car notre agriculture est encore bien loin d'être arrivée à son apogée.

235—Quatre-vingt-sixième département, *Corse.*

Lieues carrées, 496; habitants, 185,079; arrondissements, 5; cantons, 60; communes, 251; chef-lieu, Ajaccio, place forte, 7,558 âmes. Patrie de Napoléon.

Pays montagneux, boisé, dont la plaine est très-fertile, mais en général mal cultivée; le sol serait susceptible de produire les denrées coloniales. La canne à sucre, le cotonnier, l'indigo y viennent très-bien; l'oranger, le citronnier, le grenadier y prospèrent en pleine terre ; blé, vin, olives, feuille de mûrier, tous ces produits y réussissent à merveille.

La Corse serait un véritable pays de cocagne, si ses habitants avaient d'autres mœurs, bien que les Corses soient fort hospitaliers et honnêtes gens : mais leurs habitudes les portent à ne pas faire mieux et à ne pas laisser faire les autres.

Le commerce de la Corse consiste en huile, miel, cire, soie, bois de pin, de sapin.

236—Colonies françaises.

Outre nos 86 départements, nous avons quelques colonies en Asie, en Afrique et en Amérique. Nous en formerons, en y joignant la Corse, une cinquième région, que nous nommerons *Région des produits exotiques.*

Nous possédons en Asie 57 lieues carrées. L'Inde française se compose de cinq villes : Pondichéry, Karikal, Mahé, Grandjam, Chandernagor, avec leur territoire : la population totale est de 179,000 âmes.

237—En Afrique.

Nous possédons le nord de l'Afrique, dont Alger est la capitale, et deux établissements dans le Sénégal, celui de Saint-Louis et celui de Gorée.

Dans la mer des Indes, nous avons les îles Bourbon et Sainte-Marie de Madagascar, et dans Madagascar même, le fort Dauphin. Ces îles et nos colonies du Sénégal offrent une superficie de 425 lieues carrées.

238—Dans l'Amérique Septentrionale.

1° Nous avons deux petites îles, Saint-Pierre et Miquelon. La population, y compris la garnison, est de 1,000 hommes.

2° Saint-Martin, 4,000 hommes.

3° La Guadeloupe, 95,250 âmes ; elle se compose de deux îles, Grande-Terre et Basse-Terre.

4° La Désirade, 1,300 âmes.

5° Marie-Galande.

6° La Martinique, la plus importante de toutes, 98,000 âmes.

239—Dans l'Amérique Méridionale.

Nous avons environ 600 lieues carrées que nous appelons les Guianes françaises. En réunissant ce que nous possédons dans les deux Amériques, la surface est d'environ 4,250 lieues carrées.

Ces possessions lointaines nous sont nécessaires comme points de relâche et pour protéger notre commerce extérieur ; elles nous fournissent du café. Quant aux autres produits exotiques, nous les trouverons, lorsque nous le voudrons, en Corse et en Algérie : c'est pour cela que nous avons formé une région à part, se composant de toutes ces possessions ; elles peuvent un jour devenir bien avantageuses à la France, la colonie d'Alger surtout, si nous savons la peupler, non de débitants de comestibles, mais de ceux qui savent les faire produire à la terre. Il faut, pour coloniser utilement l'Algérie, de grandes associations agricoles, et non des individus isolés ; il faut faire de ce pays une province française, jouissant de tous les avantages de la métropole, bien que les indigènes doivent encore rester longtemps sous le régime militaire.

240—Moyen de s'orienter.

Nous connaissons l'équateur, nous savons qu'il divise le globe en deux parties égales, l'hémisphère septentrional et l'hémisphère méridional ; nous savons que le globe est également divisé en deux autres hémisphères, l'un appelé hémisphère oriental et l'autre hémisphère occidental, que chacun de ces hémisphères est divisé en 180 degrés, puisque le globe entier se divise en 360 degrés de 25 lieues chacun. Les degrés de latitude se comptent depuis l'équateur jusqu'aux pôles; ceux de longitude, en partant du méridien principal, celui qui passe par l'Observatoire de Paris, marqué zéro sur les cartes.

Donc, lorsque l'on veut désigner la position qu'occupe

sur le globe telle partie du monde, tel empire, telle province, telle ville, on regarde sur la carte entre quels degrés de latitude et de longitude sont situés ces lieux.

Par exemple, la France est située entre le 42ᵉ et le 52ᵉ degré de latitude nord, et entre le 8ᵉ degré de longitude est et le 6ᵉ de longitude ouest.

Observation.

Nous avons dit dans notre préface que les dix-neuf vingtièmes du texte de cet ouvrage étaient le fait de notre propre expérience : nous devons actuellement, pour rendre hommage à la vérité, déclarer qu'ayant un peu étendu le cercle des connaissances positives, nous avons résumé cette partie de notre ouvrage d'après les principes des meilleurs auteurs.

OPINIONS DU JOUR.

Les opinions les plus avancées cherchent à renverser le Gouvernement actuel : les unes prétendent qu'il n'offre pas suffisamment de liberté; les autres, au contraire, l'accusent d'en dépasser les limites. Le fait est qu'un ordre de choses plus relâché serait de la licence, de l'anarchie. Qui oserait dire que les premiers jours de février, le 15 mai, le 24 juin et tant d'autres jours néfastes que l'on pourrait citer, furent des jours de liberté? qui voudrait soutenir que l'on peut gouverner un peuple avec les excentricités qui mettent la force brutale à la place de la loi? Il est bien positif que personne ne prendra la défense de cette cause; mais ce dont les hommes d'ordre ne paraissent pas assez convaincus, c'est que l'anxiété qui naît de l'exigence des différents partis fait plus de mal à la société que les attaques directes du parti du mouvement.

Avec les réticences politiques, la chose publique marche, mais elle marche mal; c'est un vaisseau abandonné au gré des vents et des marées, qui demande une meilleure direction pour atteindre le port. Aujourd'hui le vaisseau de l'État ne peut y arriver que par la prudente sagesse de tous les hommes de bien.

Il est temps de reconnaître nos erreurs, d'abjurer nos fausses idées, de conjurer les passions politiques qui font tant de mal à notre beau pays. Pourquoi, dans l'intérêt de tous, n'accepterions-nous pas sans arrière-pensées les faits accomplis? ils sont pour le moment les seuls qui puissent préserver la France des horreurs de l'anarchie. Améliorons donc le présent, mettons-le au niveau des besoins du siècle, rendonsle utile et agréable aux citoyens; mais gardons-nous de le renverser pour courir après des chimères qui doivent rendre le peuple toujours plus malheureux.

Demander une liberté sans limites, c'est vouloir le désordre; mais est-il plus sage de déclarer, comme le font les différents partis monarchiques, que la France ne peut vivre et prospérer que sous l'autorité, les uns disent de la Légitimité, les autres de la Branche cadette, d'autres enfin de l'Empire? Cependant si chacun mettait la main sur sa conscience, il reconnaîtrait que de tous les gouvernements qui se disputent la France, il n'en est qu'un seul, la république modérée, qui puisse rallier tous les partis au giron de l'ordre. Aujourd'hui tout autre gouvernement triomphant ne jouirait pas longtemps de sa victoire, car il aurait à lutter contre tous les partis réunis; d'ailleurs ici chacun doit bien se pénétrer de cette vérité, que le despotisme n'est pas plus possible en France que la démagogie; que ce qui convient au peuple Français, c'est l'ordre parfait, qui naît d'une sage liberté.

On va nous dire : Votre république modérée n'est qu'une monarchie déguisée : voyez si elle n'en a pas toutes les allures? Nous répondrons à cela que la France ne peut en supporter d'autre, et que ce n'est pas en un jour que l'on change le caractère d'un peuple. En France, un chef du pouvoir exécutif est une nécessité du caractère national que nul autre ordre de choses ne peut remplacer. Maintenant, que ce chef s'appelle président ou roi, peu importe au peuple, si celui auquel il accorde sa confiance est capable, ferme et juste.

D'autres nous diront encore que la France ne peut vivre sous le régime républicain; nous répondrons à ceux-ci qu'elle y vit bien depuis trois ans, et que si pendant ce temps elle a mal vécu, ce n'est pas la faute de la république, mais celle d'une mauvaise constitution, qui rend presque impossibles les améliorations et amène à chaque instant des conflits entre les différents pouvoirs. C'est encore la faute de ceux qui, par tous les moyens, mettent des bâtons dans les roues du mécanisme gouvernemental, espérant par ce malaise amener le triomphe de leur cause : si ces hommes honorables étaient mieux avisés, ils verraient que ce n'est pas leur cause qu'ils servent, que c'est celle d'une révolution nouvelle, qui achèverait de ruiner la France en la couvrant de sang et de deuil, en accablant le peuple de misère et de souffrances.

Aujourd'hui que les plus mauvais jours de la révolution de Février sont passés, ce que nous avons de mieux à faire, dans l'intérêt du pays, c'est de nous entendre, de nous unir pour consolider l'ordre, ramener la confiance, ranimer l'industrie et le commerce, qui doivent donner le bien-être au peuple.

Donc que ceux à qui la patrie est chère, que tous les honnêtes gens, que les âmes courageuses de tous les partis, se réunissent sous la même bannière, celle de l'amour de la patrie, pour préserver la France des atteintes du mauvais vouloir et des méchantes intentions : par ces actes de dévouement, de patriotisme, nous assurerons le triomphe de l'ordre et de la prospérité publique, nous ferons le bonheur du pays.

FIN.

TABLE

DES MATIÈRES DU TROISIÈME VOLUME.

NOTIONS DE MATHÉMATIQUES.

ARITHMÉTIQUE.

DES QUATRE RÈGLES.

OPÉRATIONS DES NOMBRES DÉCIMAUX.

NOTIONS DE GÉOMÉTRIE.

DE L'ARPENTAGE.

DU LEVÉ DES PLANS.

DE L'ARCHITECTURE RURALE.

NOTIONS DE GÉOGRAPHIE.

DESCRIPTION DE LA TERRE.

GÉOGRAPHIE DE LA FRANCE.

DÉPARTEMENTS.

OPINIONS DU JOUR.

FIN DE LA TABLE DU TROISIÈME ET DERNIER VOLUME.

Paris.—Imprimerie Bonaventure et Ducessois, 55, quai des Grands-Augustins.

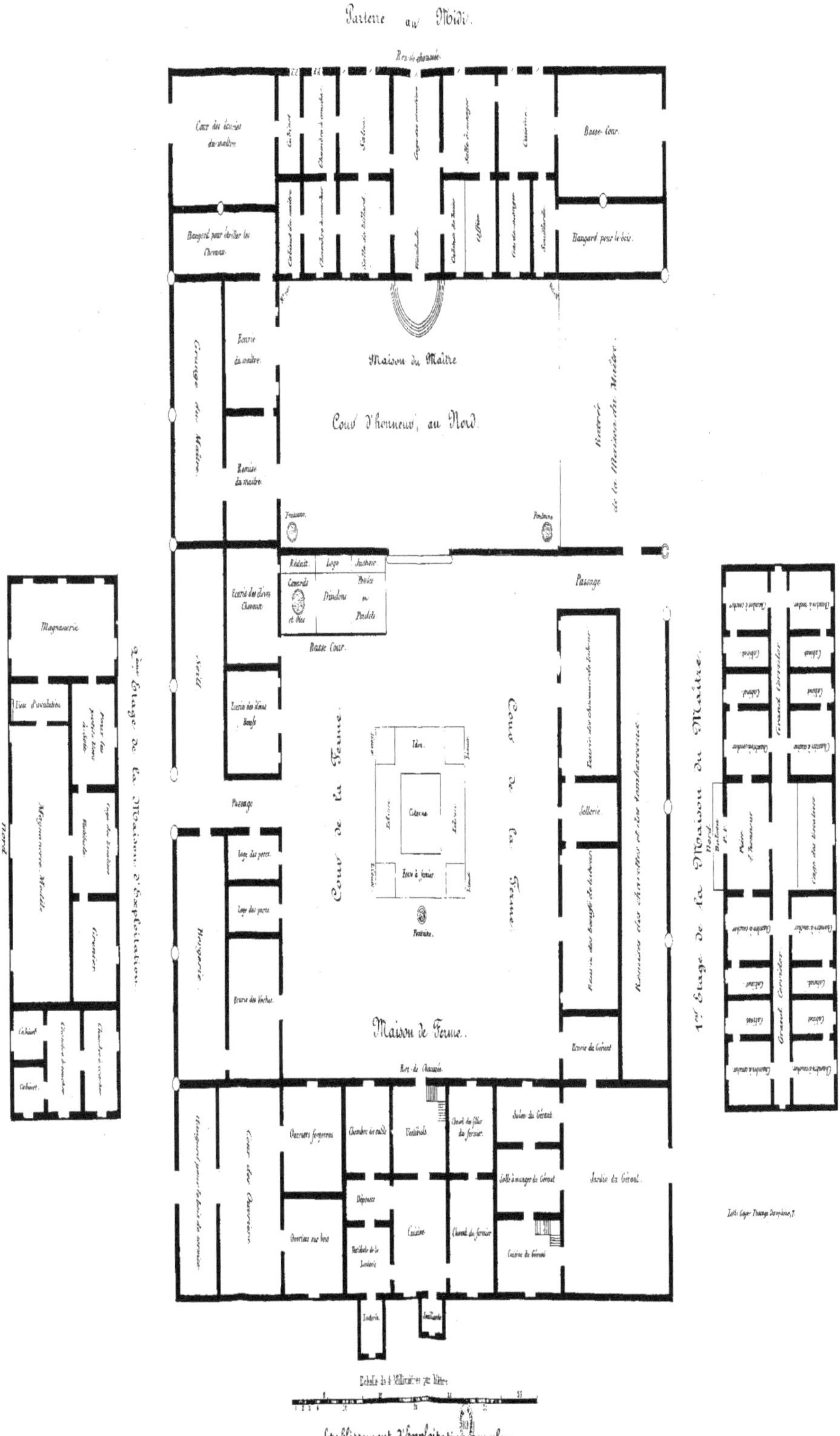

Etablissement d'Exploitation complet.

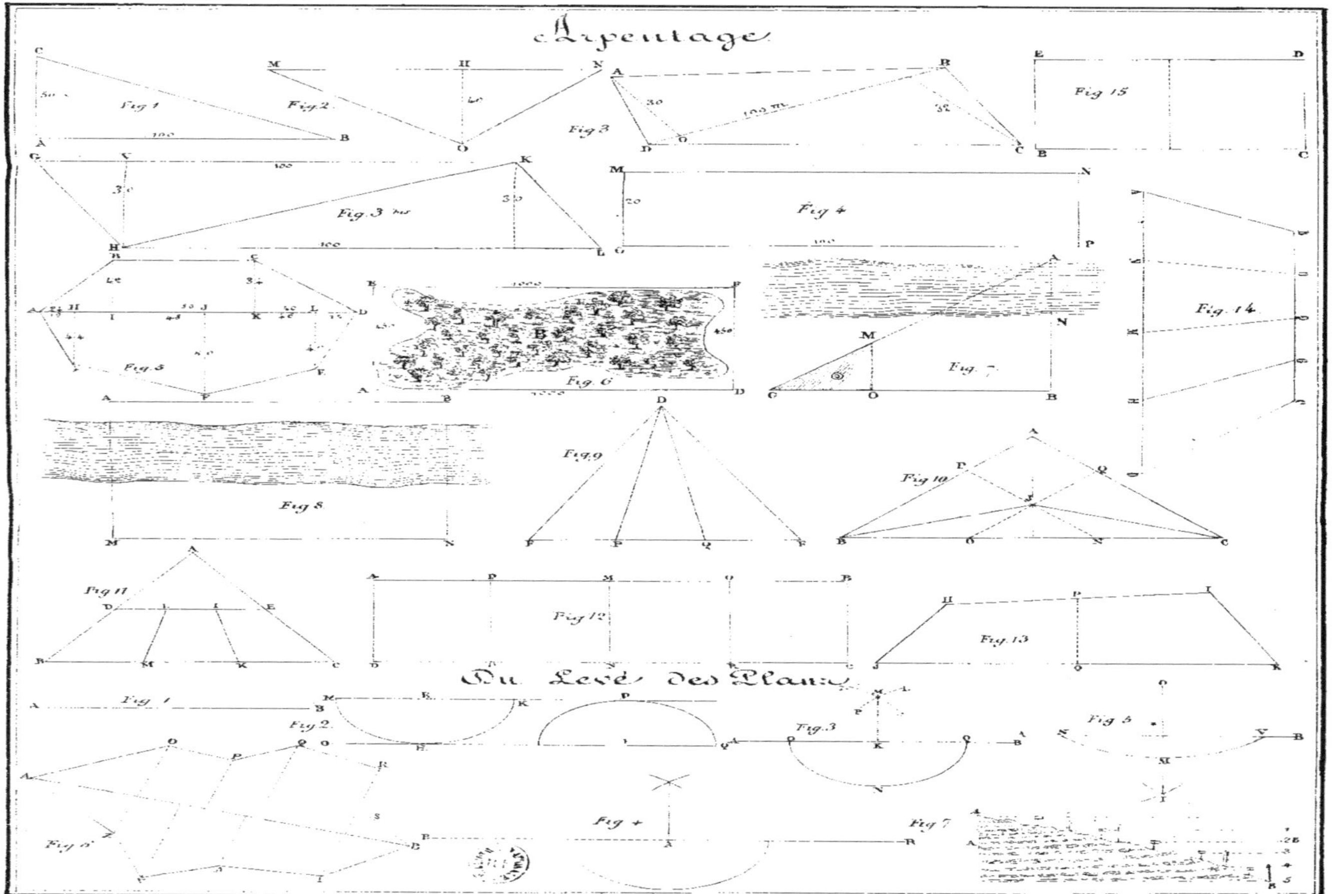

Lith. Geyer Pass Dauphine 7

ARCHITECTURE.

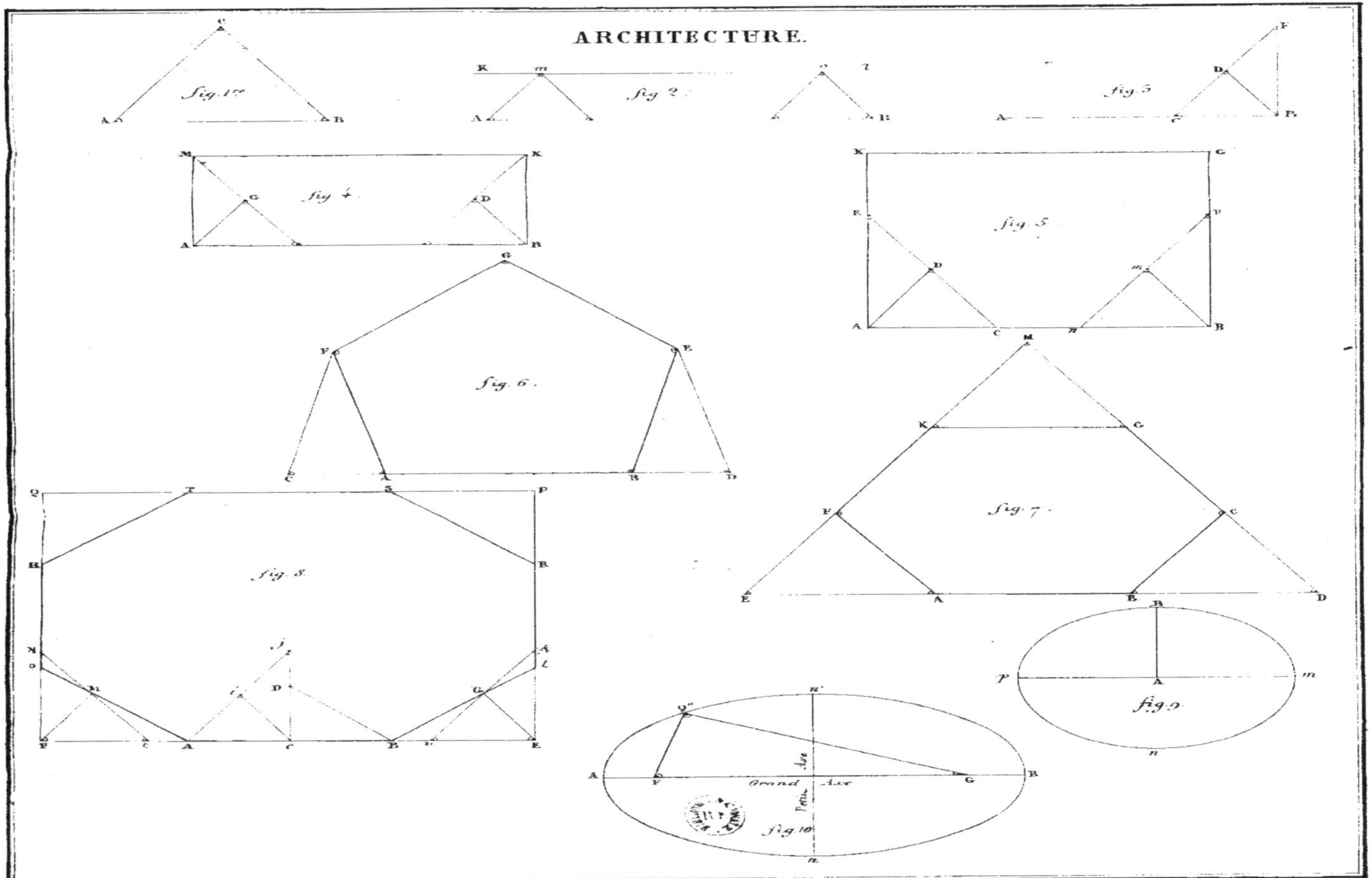

Lith. Goyer. Pass. Dauphine 7

GÉOMÉTRIE.

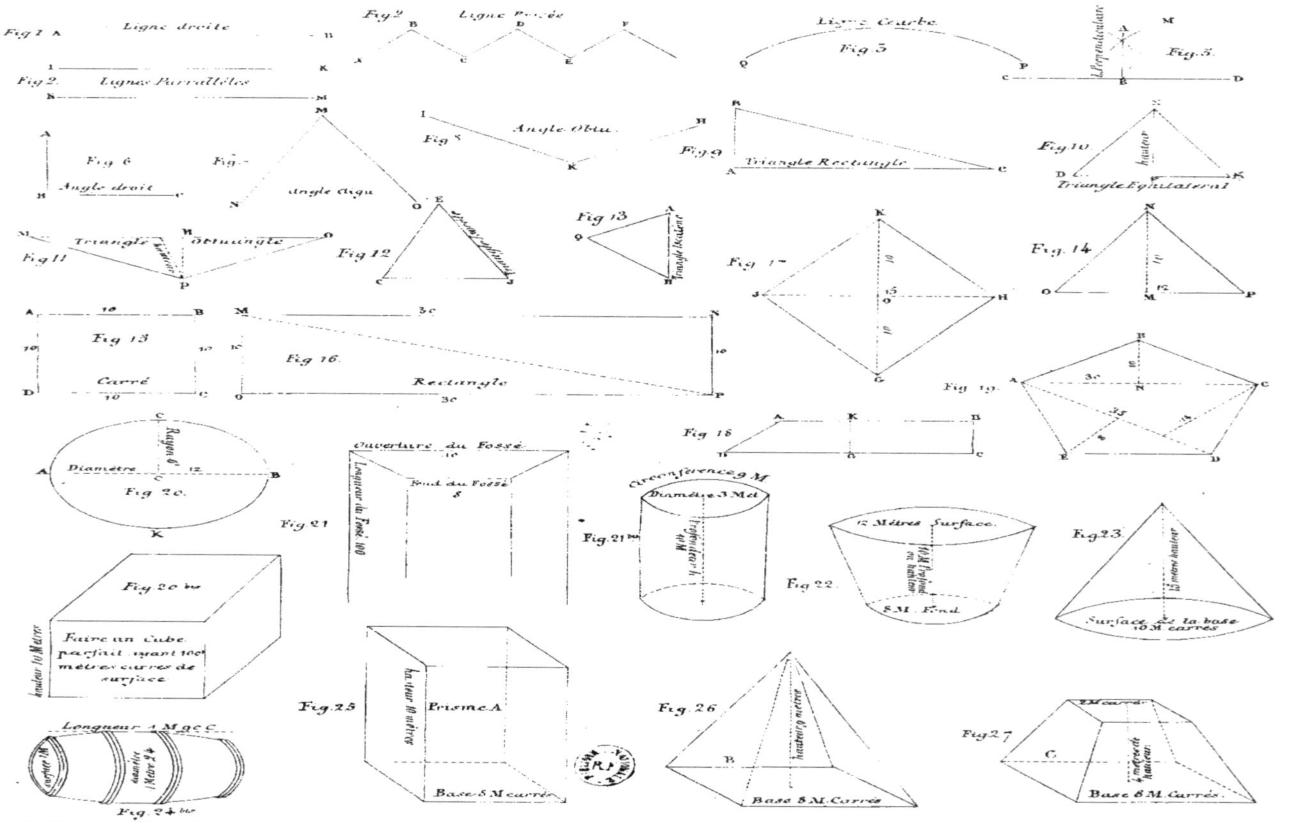

Lith. Geyer. Pass. Dauphine 7

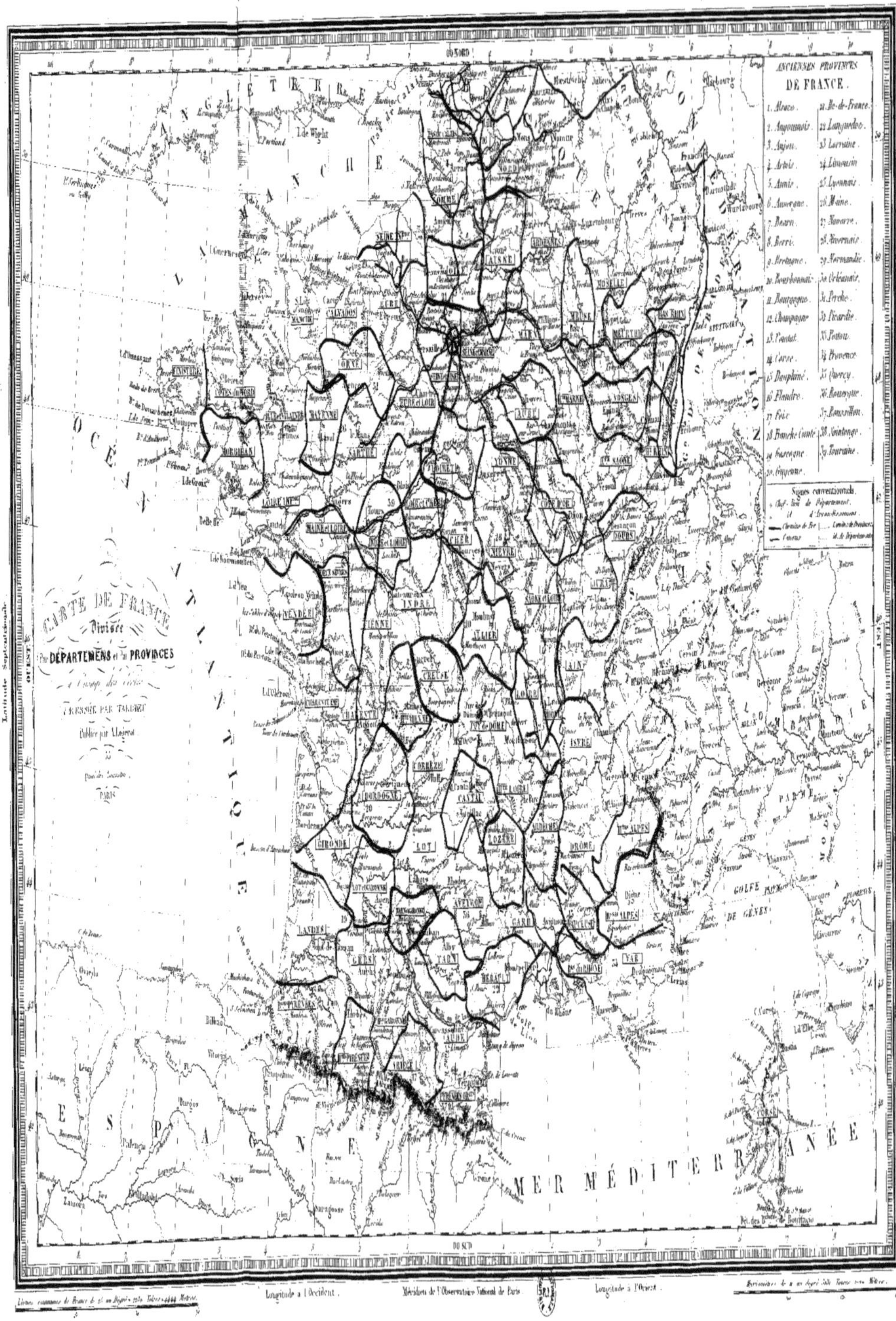

CARTE DE FRANCE
Divisée
Par DÉPARTEMENS et en PROVINCES
PARIS
ANCIENNES PROVINCES
DE FRANCE.
1. Alsace.
2. Angoumois.
3. Anjou.
4. Artois.
5. Aunis.
6. Auvergne.
7. Bearn.
8. Berri.
9. Bretagne.
10. Bourbonnais.
11. Bourgogne.
12. Champagne
14. Corse.
15. Dauphiné.
16. Flandre.
17. Foix
18. Franche Comté.
19. Gascogne
20. Guyenne.
21. Ile-de-France.
22. Languedoc.
23. Lorraine.
24. Limousin
25. Lyonnais.
26. Maine.
27. Navarre.
28. Nivernais.
29. Normandie.
30. Orléanais.
31. Perche.
32. Picardie.
33. Poitou.
34. Provence.
35. Quercy.
36. Rouergue.
37. Roussillon.
38. Saintonge.
39. Touraine.
Signes conventionnels.
Chemins de Fer
OCÉAN ATLANTIQUE
MANCHE
MER MÉDITERRANÉE
GOLFE DE GÊNES
ESPAGNE
ANGLETERRE
DU NORD
DU SUD
Longitude à l'Occident.
Méridien de l'Observatoire National de Paris.
Longitude à l'Orient.

www.ingramcontent.com/pod-product-compliance
Ingram Content Group UK Ltd.
Pitfield, Milton Keynes, MK11 3LW, UK
UKHW031857260826
14628UKWH00002B/822

9 782329 324128